房屋建筑工程施工技术与管理

主编 贺 凯 胡双凤 王 军

吉林科学技术出版社

图书在版编目（CIP）数据

房屋建筑工程施工技术与管理 / 贺凯，胡双凤，王军主编. -- 长春：吉林科学技术出版社，2023.6

ISBN 978-7-5744-0621-6

Ⅰ．①房… Ⅱ．①贺… ②胡… ③王… Ⅲ．①建筑施工—施工管理 Ⅳ．①TU71

中国国家版本馆 CIP 数据核字（2023）第 136447 号

房屋建筑工程施工技术与管理

著	贺 凯 胡双凤 王 军	
出 版 人	宛 霞	
责任编辑	赵海娇	
封面设计	金熙腾达	
制 版	金熙腾达	
幅面尺寸	185mm×260mm	
开 本	16	
字 数	321 千字	
印 张	13.75	
印 数	1-1500 册	
版 次	2023年6月第1版	
印 次	2024年2月第1次印刷	

出 版	吉林科学技术出版社
发 行	吉林科学技术出版社
地 址	长春市福祉大路5788号
邮 编	130118
发行部电话/传真	0431-81629529 81629530 81629531
	81629532 81629533 81629534
储运部电话	0431-86059116
编辑部电话	0431-81629518
印 刷	三河市嵩川印刷有限公司

书 号	ISBN 978-7-5744-0621-6
定 价	75.00元

前　言

　　房屋建筑行业是 21 世纪的热门行业，在激烈的市场竞争环境中，提升建筑质量和管理水平是缓解竞争压力、促进企业稳步发展的重要方式。施工技术管理水平的提升，不仅能够提升管理质量，同时也能降低施工安全事故的发生率，促进企业整体的发展。标准化、系统化的施工技术管理机制，能够为建筑工程各个施工阶段的顺利进行提供有效支持，保证正常的工程周期，减少资源浪费，优化人力资源。无论从哪一个角度，施工技术管理水平提升对建筑质量以及企业整体发展而言都有积极的影响，因此必须加强施工技术管理水平。

　　房屋建筑工程施工技术管理工作具有系统性、复杂性的特点，其贯穿于建筑施工的全过程，由此提升管理水平，对房屋建筑工程的整体施工质量有着积极性影响。当前我国建筑业发展迅猛，市场环境日益激烈，房建企业只有解决以往施工技术管理中管理意识薄弱、管理方法滞后等问题，才能创新管理机制，促进管理水平的进一步提升。在未来发展中，房屋建筑工程施工技术管理将进一步创新，才能满足时代发展的要求，让房建企业在市场中稳步发展。在房屋建筑工程建设施工过程中，施工技术管理存在于每一个环节，贯穿了房屋建筑施工的全过程，因此提高房屋建筑工程施工技术管理水平是建筑施工企业提升市场竞争力，满足现代化发展要求的重要途径。房屋建筑施工质量、进度、成本与管理质量的优劣有着直接的关系，只要完善管理，就能实现优化人力资源、减少资源浪费、降低施工成本、提升建筑质量的预期目标。由此，在新经济常态下，必须加强施工过程中的技术管理，解决以往管理中的突出问题，全方位、多层次地提升管理水平。

　　本书主要对房屋建筑工程的各项技术与管理进行了系统介绍，书中首先分析了房屋建筑的构成要素、分类和分级、内容和程序，然后按照建筑施工逻辑对建筑地基与基础工程、砌筑工程、混凝土结构工程、结构安装工程、防水工程施工进行了研究，最后研究了建筑工程项目进度管理、合同与成本管理、安全管理。全书体系结构完整、内容设计合理，将建筑工程技术与管理有机结合起来进行系统研究，有助于读者掌握房屋建筑技术与管理的研究成果，从而更加系统专业地学习、理解房屋建筑中的知识与内容。

目 录

第一章 房屋建筑概论

第一节 建筑的构成要素和建筑方针

建筑结构是指在房屋建筑中，由各种构件（屋架、梁、板、柱等）组成的能够承受各种作用的体系。所谓作用是指能够引起体系产生内力和变形的各种因素，如荷载、地震、温度变化以及基础沉降等因素。

建筑结构是由板、梁、柱、墙、基础等建筑构件形成的具有一定空间功能，并能安全承受建筑物各种正常荷载作用的骨架结构。

板是建筑结构中直接承受荷载的平面型构件，具有较大平面尺寸，但厚度却相对较小，属于受弯构件，通过板将荷载传递到梁或墙上。梁一般指承受垂直于其纵轴方向荷载的线型构件，是板与柱之间的支撑构件，属于受弯构件，承受板传来的荷载并传递到柱上。柱和墙都是建筑结构中的承受轴向压力的承重构件，柱是承受平行于其纵轴方向荷载的线型构件，截面尺寸小于高度，墙主要承受平行于墙体方向荷载的竖向构件，它们都属于受压构件，并将荷载传到基础上，有时也承受弯矩和剪力。基础是地面以下部分的结构构件，将柱及墙等传来的上部结构荷载传递给地基。

一、建筑结构的任务体现

在建筑物中，建筑结构的任务主要体现在以下三方面：

（一）服务于空间应用和美观要求

建筑物是人类社会生活必要的物质条件，是社会生活的人为的物质环境，结构成为一个空间的组织者，如各类房间、门厅、楼梯、过道等。同时，建筑物也是历史、文化、艺术的产物，建筑物不仅要反映人类的物质需要，还要表现人类的精神需求，而各类建筑物都要用结构来实现。可见，建筑结构服务于人类对空间的应用和美观要求是其存在的根本目的。

（二）抵御自然界或人为荷载作用

建筑物要承受自然界或人为施加的各种荷载或作用，建筑结构就是这些荷载或作用的支承者，它要确保建筑物在这些作用力的施加下不被破坏、不倒塌，并且要使建筑物持久地保持良好的使用状态。可见，建筑结构作为荷载或作用的支承者，是其存在的根本原因，也是其最核心的任务。

（三）充分发挥建筑材料的作用

建筑结构的物质基础是建筑材料，结构是由各种材料组成的，如用钢材做成的结构称为钢结构，用钢筋和混凝土做成的结构称为钢筋混凝土结构，用砖（或砌块）和砂浆做成的结构称为砌体结构。

二、建筑结构的特点

（一）安全性

安全性是指建筑结构应能承受在正常设计、施工和使用过程中可能出现的各种作用（如荷载、外加变形、温度、收缩等）以及在偶然事件（如地震、爆炸等）发生时或发生后，结构仍能保持必要的整体稳定性，不致发生倒塌。

（二）适用性

适用性是指建筑结构在正常使用过程中，结构构件应具有良好的工作性能，不会产生影响使用的变形、裂缝或振动等现象。

（三）耐久性

耐久性是指建筑结构在正常使用、正常维护的条件下，结构构件具有足够的耐久性能，并能保持建筑的各项功能直至达到设计使用年限，如不发生材料的严重锈蚀、腐蚀、风化等现象或构件的保护层过薄、出现过宽裂缝等现象。耐久性取决于结构所处环境及设计使用年限。

三、建筑的构成要素

建筑的构成要素主要包括建筑功能、物质技术条件、建筑形象。

（一）建筑功能

建筑功能是人们建造房屋的目的和使用要求的综合体现。它在建筑中起决定性的作用，对建筑平面布局组合、结构形式、建筑体型等方面都有极大的影响。人们建筑房屋不仅要满足生产、生活、居住等要求，也要适应社会的需求。各类房屋的建筑功能并不是一成不变的，随着科学技术的发展、经济的繁荣以及物质和文化生活水平的提高，人们对建筑功能的要求也将日益提高。

（二）物质技术条件

物质技术条件是实现建筑的手段，包括建筑材料、结构与构造、设备、施工技术等有关方面的内容。建筑水平的提高离不开物质技术条件的发展，而物质技术的发展又与社会生产力水平的提高、科学技术的进步、建筑技术的进步、建筑设备的完善、新材料的出现、新结构体系的不断产生密切相关，有效地促进这些因素一起建筑朝着大空间、大高度、新结构形式的方向发展。

（三）建筑形象

建筑形象是建筑内、外感观的具体体现，因此必须符合美学的一般规律。它包含建筑形体、空间、线条、色彩、材料质感、细部的处理及装修等方面。由于时代、民族、地域、文化、风土人情的不同，人们对建筑形象的理解各不相同，于是出现了不同风格且具有不同使用要求的建筑，如庄严雄伟的执法机构建筑、古朴大方的学校建筑、简洁明快的居住建筑等。成功的建筑应当反映时代特征、民族特点、地方特色和文化色彩，应有一定的文化底蕴，并与周围的建筑和环境有机融合与协调。

建筑的构成三要素是密不可分的，建筑功能是建筑目的，居于首要地位；建筑技术是建筑的物质基础，是实现建筑功能的手段；建筑形象是建筑的结果。它们相互制约、相互依存，彼此之间是辩证统一的关系。

四、建筑方针

我国的建筑方针是"适用、安全、经济、美观"。适用是指确定恰当的建筑面积，合理的布局，必需的技术设备，良好的设施以及保温、隔热、隔声的环境；安全是指结构的安全度、建筑物耐火及防火设计、建筑物的耐久年限等；经济主要是指经济效益，它包括节约建筑造价，降低能源消耗，缩短建设周期，降低运行、维修和管理费用等，既要注意建筑本身的经济，又要注意建筑物的社会和环境的综合效益；美观是指在适用、安全、经济的前提下，将建筑美和环境美列入设计的重要内容。

第二节　建筑的分类和分级

一、建筑的分类

（一）按建筑的使用功能分类

建筑按使用功能通常可分为民用建筑、工业建筑、农业建筑。

1. 民用建筑

民用建筑是指供人们居住和进行公共活动的建筑。民用建筑又可分为居住建筑和公共建筑。

（1）居住建筑

居住建筑是供人们居住使用的建筑，包括住宅、公寓、宿舍等。

（2）公共建筑

公共建筑是供人们进行社会活动的建筑，包括行政办公建筑、文教建筑、科研建筑、托幼建筑、医疗福利建筑、商业建筑、旅馆建筑、体育建筑、展览建筑、文艺观演建筑、邮电通信建筑、园林建筑、纪念建筑、娱乐建筑等。

2. 工业建筑

工业建筑是指供人们进行工业生产的建筑，包括生产用建筑及生产辅助用建筑，如动力配备间、机修车间、锅炉房、车库、仓库等。

3. 农业建筑

农业建筑是指供人们进行农牧业种植、养殖、贮存等用途的建筑，以及农业机械用建筑，如种植用温室大棚、养殖用的鱼塘和畜舍、贮存用的粮仓等。

（二）按层数和高度分类

建筑层数是房屋建筑的一项非常重要的控制指标，但必须结合建筑总高度综合考虑。民用建筑按地上层数或高度分别有如下分类规定：

1. 住宅建筑

（1）建筑高度不大于27.0m的住宅建筑、建筑高度不大于24.0m的公共建筑及建筑高度大于24.0m的单层公共建筑为低层或多层民用建筑。

（2）建筑高度大于27.0m的住宅建筑和建筑高度大于24.0m的非单层公共建筑，且高度不大于100.0m的，为高层民用建筑。

（3）建筑高度大于100.0m的为超高层建筑。

2. 其他民用建筑

民用建筑根据其建筑高度和层数可分为单层民用建筑、多层民用建筑、高层民用建筑和超高层民用建筑。高层民用建筑根据其建筑高度、使用功能和楼层的建筑面积可分为一类和二类。

（1）单层民用建筑：指建筑层数为1层的。

（2）多层民用建筑：指建筑高度不大于24m的非单层建筑，一般为2～6层。

（3）高层民用建筑：指建筑高度大于24m的非单层建筑。

（4）超高层民用建筑：指建筑高度大于100m的高层建筑。

（三）按建筑规模和数量分类

建筑按建筑规模和数量可分为大量性建筑和大型性建筑。

1. 大量性建筑

大量性建筑是指量大面广，与人民生活、生产密切相关的建筑，如住宅、幼儿园、学校、商店、医院、中小型厂房等。这些建筑在城市和乡村都是不可缺少的，修建数量很大，故称为大量性建筑。

2. 大型性建筑

大型性建筑是指规模宏大、耗资较多的建筑，如大型体育馆、大型影剧院、大型车站、航空港、展览馆、博物馆等。这类建筑与大量性建筑相比，虽然修建数量有限，但对城市的景观和面貌影响较大。

（四）按承重结构材料分类

建筑的承重结构是指由水平承重构件和垂直承重构件组成的承重骨架。建筑按承重结构材料可分为砖木结构建筑、砖混结构建筑、钢筋混凝土结构建筑和钢结构建筑。

1. 砖木结构建筑

砖木结构建筑是指由砖墙、木屋架组成承重结构的建筑。

2. 砖混结构建筑

砖混结构建筑是指由钢筋混凝土梁、楼板、屋面板作为水平承重构件，砖墙（柱）作为垂直承重构件的建筑，适用于多层以下的民用建筑。

3. 钢筋混凝土结构建筑

钢筋混凝土结构建筑是指水平承重构件和垂直承重构件都由钢筋混凝土组成的建筑。

4. 钢结构建筑

钢结构建筑是指水平承重构件和垂直承重构件全部采用钢材的建筑。钢结构具有质量轻、强度高的特点，但耐火能力较差。

（五）按承重结构形式分类

建筑按其承重结构形式可分为砖墙承重结构、框架结构、框架-剪力墙结构、筒体结构、空间结构、混合结构等。

1. 砖墙承重结构

砖墙承重结构是指由砖墙承受建筑的全部荷载,并把荷载传递给基础的承重结构。这种承重结构形式适用于开间较小、建筑高度较小的低层和多层建筑。

2. 框架结构

框架结构是指由钢筋混凝土或型钢组成的梁柱体系承受建筑的全部荷载,墙体只起围护和分隔作用的承重结构。框架结构适用于跨度大、荷载大、高度大的建筑。

3. 框架 – 剪力墙结构

框架 – 剪力墙结构是由钢筋混凝土梁柱组成的承重体系承受建筑的荷载时,由于建筑荷载分布及地基的不均匀性,在建筑物的某些部位产生不均匀剪力,为抵抗不均匀剪力且保证建筑物的整体性,在建筑物不均匀剪力足够大的部位的柱与柱之间设钢筋混凝土剪力墙。

4. 筒体结构

筒体结构是由于剪力墙在建筑物的中心形成了筒体而得名。

5. 空间结构

空间结构是由钢筋混凝土或型钢组成,承受建筑的全部荷载,如网架、悬索、壳体等。空间结构适用于大空间建筑,如大型体育场馆、展览馆等。

6. 混合结构

混合结构是指同时具备上述两种以上的承重结构的结构,如建筑内部采用框架承重结构,而四周用外墙承重结构。

二、建筑的分级

民用建筑的等级主要是从建筑物的使用耐久年限、耐火等级两方面划分的。

(一)按建筑的使用耐久年限分类

建筑物耐久等级的指标是使用耐久年限。使用耐久年限的长短是由建筑物的性质决定的。

(二)按建筑的耐火等级分类

建筑物的耐火等级是衡量建筑物耐火程度的标准。根据建筑材料和构件的燃烧性能及耐火极限,将建筑的耐火等级分为四级。

1. 燃烧性能

燃烧性能是指建筑构件在明火或高温辐射情况下是否能燃烧，以及燃烧的难易程度。建筑构件按燃烧性能可分为不燃性、难燃性和可燃性。

2. 耐火极限

建筑构件的耐火极限是指对任一建筑构件按"时间－温度"标准曲线进行耐火试验，从受到火的作用时起，到失去支持能力或完整性被破坏或失去隔火作用时为止的时间，用小时（h）计算。

通常具有代表性的、性质重要的或规模宏大的建筑按一、二级耐火等级进行设计；大量性或一般建筑按二、三级耐火等级进行设计；很次要的或临时建筑按四级耐火等级进行设计。

第三节 建筑设计的内容和程序

一、建筑设计的内容

建筑工程设计的内容包括建筑设计、结构设计、设备设计。各专业设计既要明确分工，又须密切配合。

（一）建筑设计

建筑设计是根据设计任务书，在满足总体规划的前提下，对基地环境、建筑功能、结构施工、建筑设备、建筑经济和建筑美观等方面做全面的分析，解决建筑物内部各种使用功能和使用空间的合理安排，建筑物与周围环境、与各种外部条件的协调配合，内部和外部的艺术效果，各个细部的构造方式，以及建筑与结构、设备等相关技术的综合协调等问题，最终使所设计的建筑物满足适用、经济、美观的要求。

建筑设计在整个建筑工程设计中起着主导和先行的作用，一般由建筑师来完成。

（二）结构设计

结构设计是结合建筑设计选择结构方案，进行结构布置、结构计算和构件设计等，最后绘制出结构施工图，一般由结构工程师来完成。

（三）设备设计

设备设计包括给水排水、采暖通风、电气照明、通信、燃气、动力等专业的设计，通常由各有关专业的工程师来完成。

二、建筑设计的程序

建筑设计的程序根据工程复杂程度、规模大小及审批要求，通常可分为初步设计和施工图设计两个阶段。对于技术复杂的大型工程，可增加技术设计阶段。

（一）设计前的准备工作

为了保证设计质量，设计前必须做好充分的准备。准备工作包括查阅必要的批文、熟悉设计任务书、收集必要的设计资料、设计前的调研等。

1. 查阅必要的批文

必要的批文包括主管部门的批文和城市建设部门同意设计的批文。建设单位必须具有以上两种批文才可向设计单位办理委托设计手续。

2. 熟悉设计任务书

设计任务书是经上级主管部门批准提供给设计单位进行建筑设计的依据性文件，一般包括下列内容：

①建设项目总的要求、用途、规模及一般说明。

②建设项目的组成、单项工程的面积、房间组成和面积分配及使用要求。

③建设项目的投资及单项工程造价、土建设备与室外工程的投资分配。

④建设场地大小、形状、地形，原有建筑及道路现状，并附地形测量图。

⑤供电、给水排水、采暖及空调等设备方面的要求，并附有水源、电源的使用许可文件。

⑥设计期限及项目建设进度计划安排要求。

3. 收集必要的设计资料

必要的设计资料主要包括气象资料、场地地形及地质水文资料、水电等设备管线资料、设计项目的国家有关定额等。

4. 设计前的调研

设计前调研的内容包括对建筑物的使用要求、建筑材料供应和施工等技术条件、场地踏勘及当地传统的风俗习惯的调研。

（二）初步设计阶段

按照我国现行的制度，在建设项目设计招标投标过程中中标的设计单位，与建设方签订委托设计合同，并随之进入正式的设计程序。初步设计是建筑设计的第一阶段，它的任务是综合考虑建筑功能、技术条件、建筑形象等因素而提出设计方案，并进行方案的比较和优化，确定较为理想的方案，征得建设单位同意后报有关的建设监督和管理部门批准为实施方案。初步设计的内容一般包括设计说明书、设计图纸、主要设备材料表和工程概算四部分。

（三）技术设计阶段

技术设计阶段主要任务是在初步设计的基础上协调、解决各专业之间的技术问题，经批准后的技术设计图纸和说明书即为编制施工图、主要材料设备订货及工程拨款的依据文件。技术设计的图纸和文件与初步设计大致相同，但更详细些。要求在各专业工种之间提供资料、提出要求的前提下，共同研究和协调编制拟建工程各工种的图纸和说明书，为各工种编制施工图打下基础。

对于不太复杂的工程，技术设计阶段可以省略，将这个阶段的一部分工作纳入初步设计阶段，称为"扩大初步设计"，另一部分工作则留待施工图设计阶段进行。

（四）施工图设计阶段

施工图设计是建筑设计的最后阶段。施工图是提交施工单位进行施工的设计文件。在初步设计文件和建筑概算得到上级主管部门审批同意后，方可进行施工图设计。

施工图设计的原则是满足施工要求，解决施工中的技术措施、用料及具体做法。其任务是编制满足施工要求的整套图纸。

施工图设计的内容包括建筑、结构、水、电、采暖和空调通风等专业的设计图纸，工程说明书，结构及设备计算书和工程预算书。具体图纸和文件如下：

1. 设计说明书

设计说明书包括施工图设计依据、设计规模、面积、标高定位、用料说明等。

2. 建筑总平面图

建筑总平面图的比例可选用 1∶500、1∶1000、1∶2000。应标明建筑用地范围，建筑物及室外工程（道路、围墙、大门、挡土墙等）位置、尺寸、标高、绿化及环境设施的布置，并附必要的说明、详图及技术经济指标，地形及工程复杂时应绘制竖向设计图。

3. 建筑物各层平面图、剖面图、立面图

建筑物各层平面图、剖面图、立面图比例可选用 1∶50、1∶100、1∶200。除表达初步设计或技术设计内容外，还应详细标出门窗洞口、墙段尺寸及必要的细部尺寸、详图索引。

4. 建筑构造详图

建筑构造详图包括平面节点、檐口、墙身、门窗、室内装修、立面装修等详图。应详细表示各部分构件关系、材料尺寸及做法、必要的文字说明。根据节点需要，比例可分别选用1：20、1：10、1：5、1：2、1：1等。

5. 各专业相应配套的施工图纸

如基础平面图，结构布置图，水、暖、电平面图及系统图等。

6. 工程预算书

在施工图文件完成后，设计单位应将其经由建设单位报送有关施工图审查机构，进行强制性标准、规范执行情况等内容的审查。经由审查单位认可或按照其意见修改并通过复审且提交规定的建设工程质量监督部门备案后，施工图设计阶段完成。若建设单位要求设计单位提供施工图预算，设计单位应给予配合。

第四节　建筑设计的规则性

一幢房屋的动力性能基本上取决于它的建筑布局和结构布置。建筑布局简单合理，结构布置符合抗震原则，就能从根本上保证房屋具有良好的抗震性能。合理的建筑布局和结构布置在抗震设计中是至关重要的。震害调查和理论分析表明，简单、规则、对称的建筑抗震能力强，在地震时不易破坏；反之，复杂、不规则、不对称的建筑存在抗震薄弱环节，在地震时容易产生震害。而且，简单、规则、对称的结构容易准确计算其地震反应，可以保证地震作用具有明确而直接的传递途径，容易采取抗震构造措施和进行细部处理；反之，复杂、不规则、不对称的结构不易准确计算其地震反应，地震作用的传递不明确、不直接，而且由于先天不足，即使在抗震构造上采取了补强措施，也未必能有效地减轻震害。

历次地震的震害经验表明，在同一次地震中，体型复杂的房屋比体型规则的房屋容易破坏，甚至倒塌。因此，建筑方案的规则性对建筑结构的抗震安全性来说十分重要。这里的"规则"包含了对建筑的平、立面外形尺寸，抗侧力构件布置、质量分布，直至承载力分布等诸多因素的综合要求。"规则"的具体界限随结构类型的不同而异，需要建筑师和结构工程师互相配合，才能设计出抗震性能良好的建筑。

一、建筑平面布置

从有利于建筑抗震的角度出发，结构的简单性可以保证地震力具有明确而直接的传递途径，使计算分析模型更易接近实际的受力状态，所分析的结果具有更好的可靠性，据此设计的结构的抗震性能更有安全可靠保证。地震区的建筑平面以方形、矩形、圆形为好，正六边形、正八边形、椭圆形、扇形次之。三角形虽也属简单形状，但是，由于它沿主轴方向不对称，在地震作用下容易发生较强的扭转振动，对抗震不利。此外，带有较长翼缘的 L 形、T 形、十字形、Y 形、U 形和 H 形等平面也对抗震结构性能不利，主要是此类具有较长翼缘平面的结构在地震力作用下容易发生较大的差异侧移而导致震害加重。

二、建筑立面布置

建筑的竖向体型宜规则、均匀，避免有过大的外挑和内收。根据均匀性原则，建筑的立面也应采用矩形、梯形和三角形等非突变的几何形状。突变性的阶梯形立面尽量不采用，因为立面形状突变，必然带来质量和侧向刚度的突变，在突变部位产生过高的地震反应或大的弹塑性变形，可能导致严重破坏，应在突变部位采取相应的加强措施。

三、房屋高度的选择

一般而言，房屋愈高，所受到的地震力和倾覆力矩愈大，破坏的可能性也就愈大。各种结构体系都有它最佳的适用高度，不同结构体系的最大建筑高度的规定综合考虑了结构的抗震性能、经济和使用合理、地基条件、震害经验以及抗震设计经验等因素。对于建造在Ⅲ、Ⅳ类场地的房屋，装配整体式房屋，具有框支层的剪力墙结构以及非常不规则的结构应适当降低高度。

四、房屋的高宽比

建筑物的高宽比对结构地震反应的影响，要比起其绝对高度来说更为重要。建筑物的高宽比愈大，地震作用的侧移愈大，水平地震力引起的倾覆作用愈严重。由于巨大的倾覆力矩在底层柱和基础中所产生的拉力和压力比较难以处理，为有效地防止在地震作用下建筑的倾覆，保证有足够的地震稳定性，应对建筑的高宽比有所限制。

五、防震缝的合理设置

对于体形复杂、平立面特别不规则的建筑，在适当部位设置防震缝后，就可以形成多个简单、规则的单元，从而可大大改善建筑的抗震性能，并且可降低建筑抗震设计的难度，增加建筑的抗震安全性和可靠度。以往抗震设计者多主张将复杂、不规则的钢筋混凝土结构房屋用防震缝划分成较规则的单元。防震缝的设置主要是为了避免在地震作用下体形复杂的结构产生过大的扭转、应力集中、局部严重破坏等。为防止建筑物在地震中相碰，防震缝必须留有足够的宽度。

但是，设置防震缝也会带来不少负面影响，产生一些新问题。如：建筑设计的立面处理困难，缝两侧须设置双柱或双墙，结构布置复杂化；实际工程中，由于防震缝的宽度受到建筑装饰等要求限制，往往难以满足强烈地震时实际侧移量，从而造成相邻单元碰撞而加重震害。在地震作用下，由于结构开裂、局部损坏而进入弹塑性状态。水平抗侧刚度降低很多，其水平侧移比弹性状态时增大很多（可达 3 倍以上），所以此时缝两侧的建筑很容易发生碰撞。

在国内外历次地震中，一再发生相邻建筑物碰撞的事例。究其原因，主要是相邻建筑物之间或一座建筑物相邻单元之间的缝隙，不符合防震缝的要求，或是未考虑抗震，或是构造不当，或是对地震时的实际位移估计不足，防震缝宽度偏小。

高层建筑最好不设防震缝，因为留缝会导致施工复杂，建筑处理困难，地震时难免碰撞。当建筑体形比较复杂时可以利用地下室和基础连成整体，这样可以减小上部结构反应，加强结构整体性。

抗震设计的高层建筑在下列情况下宜设防震缝，将整个建筑划分为若干个简单的独立单元：

第一，平面或立面不规则，又未在计算和构造上采取相应措施。

第二，房屋长度超过规定的伸缩缝最大间距，又无条件采取特殊措施而必须设伸缩缝时。

第三，地基土质不均匀，房屋各部分的预计沉降量（包括地震时的沉陷）相差过大，必须设置沉降缝时。

第四，房屋各部分的质量或结构的抗推刚度差距过大。

防震缝的宽度不宜小于两侧建筑物在较低建筑物屋顶高度处的垂直防震缝方向的侧移之和。在计算地震作用产生的侧移时，应取基本烈度下的侧移，即近似地将我国抗震设计规范规定的在小震作用下弹性反应的侧移乘以 3 的放大系数，并应附加上地震前和地震中地基不均匀沉降和基础转动所产生的侧移。一般情况下，钢筋混凝土结构的防震缝最小宽度应符合我国抗震设计规范的要求：

第一，框架结构房屋的防震缝宽度，当高度不超过 15m 时，可采用 100mm；房屋高度超过 15m 时，6 度、7 度、8 度和 9 度相应每增加高度 5m、4m、3m 和 2m，宜加宽 20mm。

第二，框架－抗震墙结构房屋的防震缝宽度，可采用上述规定值的 70%。抗震墙结构房屋的防震缝宽度，可采用上述规定值的 50%，且不宜小于 100mm。

第三，防震缝两侧结构体系不同时，防震缝宽度应按需要较宽的规定采用，并可按较低房屋高度计算缝宽。

第五节 结构设计的规则性

结构规则与否是影响结构抗震性能的重要因素。但是，由于建筑设计的多样性，不规则结构有时是难以避免的。同时，由于结构本身的复杂性，通常不可能做到完全规则，只能尽量使其规则，减少不规则性带来的不利影响。值得指出的是，特别不规则结构应尽量避免采用，尤其在高烈度区。根据不规则的程度，应采取不同的计算模型分析方法，并采取相当的细部构造措施。

一、结构平面布置

结构平面布置力求对称，以避免扭转。对称结构在单向水平地震力下，仅发生平移振动，由于楼板平面内刚度大，起到横隔板作用，各层构件的侧移量相等，水平地震力则按刚度分配，受力比较均匀。非对称结构由于质量中心与刚度中心不重合，即使在单向水平地震力下也会激起扭转振动，产生平移－扭转耦联振动。由于扭转振动的影响，远离刚度中心的构件侧移量明显增大，从而所产生的水平地震剪力则随之增大，较易引起破坏，甚至严重破坏。为了把扭转效应降到最低限度，可以减小结构质量中心与刚度中心的距离。在国内外地震震害调查资料中，不难发现角柱的震害一般较重，是屡见不鲜的现象，这主要由角柱是受到扭转反应最为显著的部位所致。

对于规则与不规则的区别，抗震规范给出了一些定量的界限，对平面不规则类型的定义如表 1-1 所示。

表 1-1 平面不规则类型

不规则类型	定义
扭转不规则	在具有偶然偏心的规定的水平力作用下，楼层两端抗侧力构件弹性水平位移（或层间位移）的最大值与平均值的比值大于 1.2
凹凸不规则	结构平面凹进的一侧尺寸，大于相应投影方向总尺寸的 30%
楼板局部不连续	楼板的尺寸和平面刚度急剧变化，例如，有效楼板宽度小于该层楼板典型宽度的 50%，或开洞面积大于该层楼面面积的 30%，或较大的楼层错层

（一）扭转不规则

即使在完全对称的结构中，在风荷载及地震作用下往往亦不可避免地受到扭转作用。一方面，由于在平面布置中结构本身的刚度中心与质量中心不重合引起了扭转偏心；另一方面，由于施工偏差，使用中活荷载分布的不均匀等因素引起了偶然偏心。地震时地面运动的扭转分量也会使结构产生扭转振动。对于高层建筑，对结构的扭转效应须从两方面加以限制：首先，限制结构平面布置的不规则性，避免产生过大的偏心而导致结构产生过大的扭转反应；其次，限制结构的抗扭刚度不能太弱，采取抗震墙沿房屋周边布置的方案。

（二）凹凸不规则

平面有较长的外伸段（局部突出或凹进部分）时，楼板的刚度有较大的削弱，外伸段易产生局部振动而引发凹角处的破坏。因此，带有较长翼缘的 L 形、T 形、十字形、U 形、H 形、Y 形的平面不宜采用。需要注意的是，在判别平面凹凸不规则时，凹口的深度应计算到有竖向抗侧力构件的部位，对于有连续内凹的情况，则应累计计算凹口的深度。对于高层建筑，建筑平面的长宽比不宜过大，以避免两端相距太远，平面过于狭长的高层建筑在地震时由于两端地震力输入有相位差而容易产生不规则振动，从而产生较大的震害。

（三）楼板局部不连续

目前在工程设计中大多假定楼板在平面内不变形，即楼板平面内刚度无限大，这对于大多数工程来说是可以接受的。但当楼板开大洞后，被洞口划分开的各部分连接较为薄弱，在地震中容易产生相对振动而使削弱部位产生震害。因此，对楼板洞口的大小应加以限制。另外，楼层错层后也会引起楼板的局部不连续，且使结构的传力路线复杂，整体性较差，对抗震不利。

对于较大的楼层错层，如错层的高度超过楼面梁的截面高度时，须按楼板开洞对待；当错层面积大于该层总面积的 30% 时，则属于楼板局部不连续。

二、结构竖向布置

结构抗震性能的好坏，除取决于总的承载能力、变形和耗能能力外，避免局部的抗震薄弱部位是十分重要的。结构竖向布置的关键在于尽可能使其竖向刚度、强度变化均匀，避免出现薄弱层，并应尽可能降低房屋的重心。

结构薄弱部位往往是由刚度突变和屈服承载力系数突变所造成的。刚度突变一般是由建筑体形复杂或抗震结构体系在竖向布置上不连续和不均匀所造成的。由于建筑功能上的需要，往往在某些楼层处竖向抗侧力构件被截断，造成竖向抗侧力构件的不连续，导致传力路线不明确，从而产生局部应力集中并过早屈服，形成结构薄弱部位，最终可能导致严重破坏甚至倒塌。竖向抗侧力构件截面的突变也会造成刚度和承载力的剧烈变化，带来局部区域的应力剧增和塑性变形集中的不利影响。

屈服承载力系数的定义是按构件实际截面、配筋和材料强度标准值计算的楼层受剪承载力与罕遇地震下楼层弹性地震剪力的比值。这个比值是影响弹塑性地震反应的重要参数。

如果各楼层的屈服承载力系数大致相等，地震作用下各楼层的侧移将是均匀变化的，整个建筑将因各楼层抗震可靠度大致相等而具有较好的抗震性能。如果某楼层的屈服承载力系数远低于其他各层，出现抗震薄弱部位，则在地震作用下，将会过早屈服而产生较大的弹塑性变形，需要有较高的延性要求。因此，尽可能从建筑体形和结构布置上使刚度和屈服强度变化均匀，尽量减少形成抗震薄弱部位的可能性，力求降低弹塑性变形集中的程度，并采取相应的措施来提高结构的延性和变形能力。

汶川地震倒塌建筑很大一部分是由于结构存在薄弱层，比较典型的是框架结构底层无填充墙和维护墙，直接形成薄弱层。但现行设计规范在设计中不考虑填充墙对结构刚度的影响，从而人为地造成了设计上不存在而实际存在的"薄弱层"。另外，对于存在转换层的结构，如底框结构在转换层处发生破坏。抗震规范对竖向不规则类型的定义如表1-2所示。

表1-2　竖向不规则类型

不规则类型	定义
侧向刚度不规则	该层的侧向刚度小于相邻上一层的70%，或小于其上相邻3个楼层侧向刚度平均值的80%；除顶层外，局部收进的水平向尺寸大于相邻下一层的25%
竖向抗侧力构件不连续	竖向抗侧力构件（柱、抗震墙、抗震支撑）的内力由水平转换构件（梁、桁架等）向下传递
楼层承载力突变	抗侧力结构的层间受剪承载力小于相邻上一楼层的80%

（一）侧向刚度不规则

楼层的侧向刚度可取该楼层的剪力与层间位移的比值。结构的下部楼层的侧向刚度宜大于上部楼层的侧向刚度，否则结构的变形会集中于刚度小的下部楼层而形成结构薄弱层。由于下部薄弱层的侧向变形大，且作用在薄弱层上的上部结构的重量大，因 P-Δ 效应明显而易引起结构的稳定问题。沿竖向的侧向刚度发生突变一般是由抗侧力结构沿竖向的布置突然发生改变或结构的竖向体形突变造成的。

（二）竖向抗侧力构件不连续

结构竖向抗侧力构件（柱、抗震墙、抗震支撑等）上、下不连续，须通过水平转换构件（转换大梁、桁架、空腹桁架、箱形结构、斜撑、厚板等）将上部构件的内力向下传递，转换构件所在的楼层往往作为转换层。由于转换层上下的刚度及内力传递途径发生突变，对抗震不利，因此这类结构也属于竖向不规则结构。

（三）楼层承载力突变

抗侧力结构的楼层受剪承载力发生突变，在地震时该突变楼层易成为薄弱层而遭到破坏。结构侧向刚度发生突变的楼层往往也是受剪承载力发生突变的楼层。因此，对于抗侧刚度发生突变的楼层应同时注意受剪承载力的突变问题，前面提到的抗侧力结构沿竖向的布置发生改变和结构的竖向体形突变同样可能造成楼层受剪承载力突变。

三、结构材料和体系的选择

为了使结构具有良好的抗震性能，在研究建筑形式、结构体系的同时，也需要对所选择的结构材料的抗震性能有一定的了解，以便能够根据工程的各方面条件，选用既符合抗震要求又经济实用的结构类型。

第二章　建筑地基与基础工程

第一节　浅基础施工

地基是指建筑物荷载作用下基底下方产生的变形不可忽略的那部分地层，而基础则是指将建筑物荷载传递给地基的下部结构。作为支承建筑物荷载的地基，必须能防止强度破坏和失稳，同时，必须控制基础的沉降不超过地基的变形允许值。在满足上述要求的前提下，尽量采用相对埋深不大，只需普通的施工程序就可建造起来的基础类型，即称天然地基上的浅基础；地基不能满足上述条件，则应进行地基加固处理，在处理后的地基上建造的基础，称人工地基上的浅基础。当上述地基基础形式均不能满足要求时，则应考虑借助特殊的施工手段相对埋深大的基础形式，即深基础（常用桩基），以求把荷载更多地传到深部的坚实土层中去。

一、浅基础的分类

浅基础按受力特点可分为刚性基础和柔性基础。用抗压强度较大，而抗弯、抗拉强度小的材料建造的基础，如砖、毛石、灰土、混凝土、三合土等基础均属于刚性基础。刚性基础的最大拉应力和剪应力必定在其变截面处，其值受基础台阶的宽高比影响很大。因此，刚性基础台阶的宽高比（称刚性角）是个关键。用钢筋混凝土建造的基础叫柔性基础。它的抗弯、抗拉、抗压能力都很大，适用于地基土处较软弱，上部结构荷载较大的基础。

浅基础按构造形式分为单独基础、带形基础、箱形基础、筏板基础等。单独基础也称独立基础，多呈柱墩形，截面可做成阶梯形或锥形等；带形基础是指长度远大于其高度和宽度的基础，常见的是墙下条形基础，材料主要采用砖、毛石、混凝土和钢筋混凝土等。

二、浅埋式钢筋混凝土基础施工

（一）条式基础

条式基础包括柱下钢筋混凝土独立基础和墙下钢筋混凝土条形基础。这种基础的抗弯和抗剪性能良好，可在竖向荷载较大、地基承载力不高以及承受水平力和力矩等荷载情况下使用。因高度不受台阶宽高比的限制，故适宜于需要"宽基浅埋"的场合下采用。

1. 构造要求

①锥形基础（条形基础）边缘高度 h 不宜小于 200mm；阶梯形基础的每阶高度宜为 300～500mm。

②垫层厚度一般为 100mm，混凝土强度等级为 C10，基础混凝土强度等级不宜低于 C15。

③底板受力钢筋的最小直径不宜小于 8mm，间距不宜大于 200mm。当有垫层时钢筋保护层的厚度不宜小于 35mm，无垫层时不宜小于 70mm。

④插筋的数目与直径应与柱内纵向受力钢筋相同。

2. 施工要点

①基坑（槽）应进行验槽，局部软弱土层应挖去，用灰土或砂砾分层回填夯实至基底相平。基坑（槽）内浮土、积水、淤泥、垃圾、杂物应清除干净。验槽后地基混凝土应立即浇筑，以免地基土被扰动。

②垫层达到一定强度后，在其上弹线、支模。铺放钢筋网片时底部用与混凝土保护层同厚度的水泥砂浆垫塞，以保证位置正确。

③在浇筑混凝土前，应清除模板上的垃圾、泥土和钢筋上的油污等杂物，模板应浇水加以湿润。

④基础混凝土宜分层连续浇筑完成。阶梯形基础的每一台阶高度内应分层浇捣，每浇筑完一台阶应稍停 0.5～1.0h，待其初步获得沉实后，再浇筑上层，以防止下台阶混凝土溢出，在上台阶根部出现烂脖子，台阶表面应基本抹平。

⑤锥形基础的斜面部分模板应随混凝土浇捣分段支设并顶压紧，以防模板上浮变形，边角处的混凝土应注意捣实。严禁斜面部分不支模，用铁锹拍实。

⑥基础上有插筋时，要加以固定，保证插筋位置的正确，防止浇捣混凝土发生移位。混凝土浇筑完毕，外露表面应覆盖浇水养护。

（二）杯形基础

杯形基础常用作钢筋混凝土预制柱基础，基础中预留凹槽（杯口），然后插入预制柱，临时固定后，即在四周空隙中灌细石混凝土。其形式有一般杯口基础、双杯口基础和高杯口基础等。

杯形基础除参照板式基础的施工要点外，还应注意以下几点：

第一，混凝土应按台阶分层浇筑对高杯口基础的高台阶部分按整段分层浇筑。

第二，杯口模板可做成两半式的定型模板，中间各加一块楔形板，拆模时，先取出楔形板，然后分别将两半杯口模板取出。为便于周转宜做成工具式的，支模时杯口模板要固定牢固并压浆。

第三，浇筑杯口混凝土时，应注意四侧要对称均匀进行，避免将杯口模板挤向一侧。

第四，施工时应先浇筑杯底混凝土并振实，注意在杯底一般有50mm厚的细石混凝土找平层，应仔细留出。待杯底混凝土沉实后，再浇筑杯口四周混凝土。基础浇捣完毕，在混凝土初凝后终凝前将杯口模板取出，并将杯口内侧表面混凝土凿毛。

第五，施工高杯口基础时，可采用后安装杯口模板的方法施工，即当混凝土浇捣接近杯口底时，再安装固定杯口模板，继续浇筑杯口四周混凝土。

（三）筏式基础

筏式基础由钢筋混凝土底板、梁等组成，适用于地基承载力较低而上部结构荷载很大的场合。其外形和构造上像倒置的钢筋混凝土楼盖，整体刚度较大，能有效将各柱子的沉降调整得较为均匀。筏式基础一般可分为梁板式和平板式两类。

1.构造要求

①混凝土强度等级不宜低于C20，钢筋无特殊要求，钢筋保护层厚度不小于35mm。

②基础平面布置应尽量对称，以减小基础荷载的偏心距。底板厚度不宜小于200mm，梁截面和板厚按计算确定，梁顶高出底板顶面不小于300mm，梁宽不小于250mm。

③底板下一般宜设厚度为100mm的C10混凝土垫层，每边伸出基础底板不小于100mm。

2.施工要点

①施工前，如地下水位较高，可采用人工降低地下水位至基坑底不少于500mm，以保证在无水情况下进行基坑开挖和基础施工。

②施工时，可采用先在垫层上绑扎底板、梁的钢筋和柱子锚固插筋，浇筑底板混凝土，待达到25%设计强度后，再在底板上支梁模板，继续浇筑完梁部分混凝土；也可采用底板和梁模板一次同时支好，混凝土一次连续浇筑完成，梁侧模板采用支架支承并固定牢固。

③混凝土浇筑时一般不留施工缝，必须留设时，应按施工缝要求处理，并应设置止水带。

④基础浇筑完毕，表面应覆盖和洒水养护，并防止地基被水浸泡。

（四）箱形基础

箱形基础是由钢筋混凝土底板、顶板、外墙以及一定数量的内隔墙构成封闭的箱体，基础中部可在内隔墙开门洞做地下室。该基础具有整体性好，刚度大，调整不均匀沉降能力及抗震能力强，可消除因地基变形使建筑物开裂的可能性，减少基底处原有地基自重应力，降低总沉降量等特点。适用做软弱地基上的面积较小、平面形状简单、上部结构荷载大且分布不均匀的高层建筑物的基础和对沉降有严格要求的设备基础或特种构筑物基础。

1. 构造要求

①箱形基础在平面布置上尽可能对称，以减少荷载的偏心距，防止基础过度倾斜。

②混凝土强度等级不应低于C20，基础高度一般取建筑物高度的 1/12 ～ 1/8，不宜小于箱形基础长度的 1/18 ～ 1/16，且不小于3m。

③底、顶板的厚度应满足柱或墙冲切验算要求，并根据实际受力情况通过计算确定。底板厚度一般取隔墙间距的 1/10 ～ 1/8，一般为 300 ～ 1000mm，顶板厚度一般为 200 ～ 400mm，内墙厚度不宜小于200mm，外墙厚度不应小于250mm。

④为保证箱形基础的整体刚度，平均每平方米基础面积上墙体长度应不小于400mm，或墙体水平截面面积不得小于基础面积的 1/10，其中纵墙配置量不得小于墙体总配置量的 3/5。

2. 施工要点

①基坑开挖，如地下水位较高，应采取措施降低地下水位至基坑底以下500mm处，并尽量减少对基坑底土的扰动。当采用机械开挖基坑时，在基坑底面以上200 ～ 400mm厚的土层，应用人工挖除并清理，基坑验槽后，应立即进行基础施工。

②施工时，基础底板、内外墙和顶板的支模、钢筋绑扎和混凝土浇筑，可采取分块进行，其施工缝的留设位置和处理应符合钢筋混凝土工程施工及验收规范有关要求，外墙接缝应设止水带。

③基础的底板、内外墙和顶板宜连续浇筑完毕。为防止出现温度收缩裂缝，一般应设置贯通后浇带，带宽不宜小于800mm，在后浇带处钢筋应贯通；顶板浇筑后，相隔2 ～ 4周，用比设计强度提高一级的细石混凝土将后浇带填灌密实，并加强养护。

④基础施工完毕，应立即进行回填土。停止降水时，应验算基础的抗浮稳定性，抗浮稳定系数不宜小于1.2，如不能满足时，应采取有效措施，譬如继续抽水直至上部结构荷载加上后能满足抗浮稳定系数要求为止，或在基础内采取灌水或加重物等，防止基础上浮或倾斜。

第二节　桩基础概述

一般建筑物都应该充分利用地基土层的承载能力，而尽量采用浅基础。但若浅层土质不良，无法满足建筑物对地基变形和强度方面的要求时，可以利用下部坚实土层或岩层作为持力层，这就要采取有效的施工方法建造深基础了。深基础主要有桩基础、墩基础、沉井和地下连续墙等几种类型，其中以桩基础最为常用。

一、桩基础的作用

桩基一般由设置于土中的桩和承接上部结构的承台组成。桩的作用在于将上部建筑物的荷载传递到深处承载力较大的土层上；或使软弱土层挤压，以提高土壤的承载力和密实度，从而保证建筑物的稳定性和减少地基沉降。

绝大多数桩基的桩数不止一根，而将各根桩在上端（桩顶）通过承台联成一体。根据承台与地面的相对位置不同，一般有低承台与高承台桩基之分。前者的承台底面位于地面以下，而后者则高出地面以上。一般来说，采用高承台主要是为了减少水下施工作业和节省基础材料，常用于桥梁和港口工程中。而低承台桩基承受荷载的条件比高承台好，特别在水平荷载作用下，承台周围的土体可以发挥一定的作用。在一般房屋和构筑物中，大多都使用低承台桩基。

二、桩基础的分类

（一）按承载性质分

1. 摩擦型桩

摩擦型桩又可分为摩擦桩和端承摩擦桩。摩擦桩是指在极限承载力状态下，桩顶荷载由桩侧阻力承受的桩；端承摩擦桩是指在极限承载力状态下，桩顶荷载主要由桩侧阻力承受的桩。

2. 端承型桩

端承型桩又可分为端承桩和摩擦端承桩。端承桩是指在极限承载力状态下，桩顶荷载由桩端阻力承受的桩；摩擦端承桩是指在极限承载力状态下，桩顶荷载主要由桩端阻力承受的桩。

（二）按承台位置的高低不同分

1. 高承台桩基础

承台底面高于地面，它的受力和变形不同于低承台桩基础。一般应用在桥梁、码头工程中。

2. 低承台桩基础

承台底面低于地面，一般用于房屋建筑工程中。

（三）按桩的使用功能分

竖向抗压桩、竖向抗拔桩、水平受荷载桩、复合受荷载桩。

（四）按桩身材料分

混凝土桩、钢桩、组合材料桩。

（五）按成桩方法分

非挤土桩（如干作业法桩、泥浆护壁法桩、套筒护壁法桩）、部分挤土桩（如部分挤土灌注桩、预钻孔打入式预制桩等）、挤土桩（如挤土灌注桩、挤土预制桩等）。

（六）按桩制作工艺分

预制桩和现场灌注桩，现在使用较多的是现场灌注桩。

第三节　钢筋混凝土预制桩的施工

一、桩的种类

（一）钢筋混凝土实心方桩

钢筋混凝土实心桩，断面一般呈方形。桩身截面一般沿桩长不变。实心方桩截面尺寸一般为 200mm×200mm ～ 600mm×600mm。

钢筋混凝土实心桩的优点是长度和截面可在一定范围内根据需要选择，由于在地面上预制，制作质量容易保证，承载能力强，耐久性好。因此，工程上应用较广。

钢筋混凝土实心桩由桩尖、桩身和桩头组成。钢筋混凝土实心桩所用混凝土的强度等级不宜低于 C30。采用静压法沉桩时，可适当降低，但不宜低于 C20，预应力混凝土桩的混凝土的强度等级不宜低于 C40。

（二）钢筋混凝土管桩

混凝土管桩一般在预制厂用离心法生产。桩径有 φ300、φ400、φ500 等，每节长度 8m、10m、12m 不等。接桩时，接头数量不宜超过 4 个。混凝土管桩各节段之间的连接可以用角钢焊接或法兰螺栓连接。由于用离心法成型，混凝土中多余的水分由于离心力而甩出，故混凝土致密、强度高，抵抗地下水和其他腐蚀的性能好。混凝土管桩应达到设计强度 100% 后方可运到现场打桩。堆放层数不超过 4 层，底层管桩边缘应用楔形木块塞紧，以防滚动。

二、桩的制作、运输和堆放

（一）桩的制作

较短的桩一般在预制厂制作，较长的桩一般在施工现场附近露天预制。预制场地的地面要平整、夯实，并防止浸水沉陷。预制桩叠浇预制时，桩与桩之间要做隔离层，以保证起吊时不互相黏结。叠浇层数，应由地面允许荷载和施工要求而定，一般不超过 4 层，上层桩必须在下层桩的混凝土达到设计强度等级的 30% 以后，方可进行浇筑。

钢筋混凝土预制桩的钢筋骨架的主筋连接宜采用对焊。主筋接头配置在同一截面内的数量，当采用闪光对焊和电弧焊时，不得超过 50%；同一根钢筋两个接头的距离应大于 30 倍钢筋直径，且不小于 500mm。预制桩的混凝土浇筑工作应由桩顶向桩尖连续浇筑，严禁中断，制作完成后，应洒水养护不少于 7d。

制作完成的预制桩应在每根桩上标明编号及制作日期，如设计不埋设吊环，则应标明绑扎点位置。

预制桩的几何尺寸允许偏差为：横截面边长 ±5mm；桩顶对角线之差 10mm；混凝土保护层厚度 ±5mm；桩身弯曲矢高不大于 0.1% 桩长；桩尖中心线 10mm；桩顶面平整度小于 2mm。预制桩制作质量还应符合下列规定：

第一，桩的表面应平整、密实，掉角深度小于 10mm，且局部蜂窝和掉角的缺损总面积不得超过该桩表面全部面积的 0.5%，同时不得过分集中。

第二，由于混凝土收缩产生的裂缝，深度小于 20mm，宽度小于 0.25mm；横向裂缝长度不得超过边长的一半。

（二）桩的运输

钢筋混凝土预制桩应在混凝土达到设计强度等级的 70% 后方可起吊，达到设计强度等级的 100% 后才能运输和打桩。如提前吊运，必须采取措施并经过验算合格后才能进行。

桩在起吊搬运时，必须做到平稳，避免冲击和振动，吊点应同时受力，且吊点位置应符合设计规定。如无吊环，设计又未做规定时，绑扎点的数量及位置按桩长而定，应符合起吊弯矩最小的原则。长 20 ～ 30m 的桩，一般采用 3 个吊点。

（三）桩的堆放

桩堆放时，地面必须平整、坚实，垫木间距应根据吊点确定，各层垫木应位于同一垂直线上，最下层垫木应适当加宽，堆放层数不宜超过 4 层，不同规格的桩应分别堆放。

三、打入法施工

预制桩的打入法施工，就是利用锤击的方法把桩打入地下。这是预制桩最常用的沉桩方法。

（一）打桩机具及选择

打桩机具主要有打桩机及辅助设备。打桩机主要有桩锤、桩架和动力装置三部分。

1. 桩锤

常见桩锤类型有落锤、单动汽锤、双动汽锤、柴油锤、液压锤等。

（1）落锤

一般由生铁铸成，利用卷扬机提升，以脱钩装置或松开卷扬机刹车使其坠落到桩头上，逐渐将桩打入土中。落锤重力为 5 ～ 20kN，构造简单，使用方便，故障少。适用于普通黏性土和含砾石较多的土层中打桩，但打桩速度较慢，效率低。

（2）单动汽锤

单动汽锤的冲击部分为汽缸，活塞是固定于桩顶上的，动力为蒸汽，单动汽锤具有落距小、冲击力大的优点，适用于打各种桩。但存在蒸汽没有被充分利用、软管磨损较快、软管与汽阀联结处易脱开等缺点。

（3）双动汽锤

双动汽锤冲击部分为活塞，动力是蒸汽。具有活塞冲程短、冲击力大、打桩速度快、工作效率高等优点。适用于打各种桩，并可以用于拔桩和水下打桩。

（4）柴油锤

柴油锤是以柴油为燃料，利用柴油点燃爆炸时膨胀产生的压力，将锤抬起，然后自由落下冲击桩顶，同时汽缸中空气压缩，温度骤增，喷嘴喷油，柴油在汽缸内自行燃烧爆发，使汽缸上抛，落下时又击桩进入下一循环。如此反复循环进行，把桩打入土中。

2. 桩架

桩架一般由底盘、导向杆、起吊设备、撑杆等组成。

①作用。支持桩身和桩锤，将桩吊到打桩位置，并在打入过程中引导桩的方向，保证桩锤沿着所要求的方向冲击。

②桩架的选择。选择桩架时，应考虑桩锤的类型、桩的长度和施工条件等因素。桩架的高度由桩的长度、桩锤高度、桩帽厚度及所用滑轮组的高度来确定。此外，还应留 1 ～ 3m 的高度作为桩锤的伸缩余地。故桩架的高度 = 桩长 + 桩锤高度 + 滑轮组高 + 起锤移位高度 + 安全工作间隙。

③桩架用钢材制作，按移动方式有轮胎式、履带式、轨道式等。

3. 动力装置

动力设备包括驱动桩锤用的动力设施，如卷扬机、锅炉、空气压缩机和管道、绳索和滑轮等。

（二）打桩前的准备工作

1. 处理障碍物

打桩前，应认真处理高空、地上和地下障碍物，如地下管线、旧基础、树木杂草等。此外，打桩前应对现场周围的建筑物做全面检查，如有危房或危险构筑物，必须预先加固，不然由于打桩振动，可造成倒塌。

2. 平整场地

在建筑物基线以外 4～6m 内的整个区域或桩机进出场地及移动路线上，应做适当平整压实，并做适当放坡，保证场地排水良好。否则由于地面高低不平，不仅使桩机移动困难，降低沉桩生产率，而且难以保证使就位后的桩机稳定和入土的桩身垂直，以致影响沉桩质量。

3. 材料、机具、水电的准备

桩机进场后，按施工顺序铺设轨道，选定位置架设桩机和设备，接通水电源，进行试机，并移机至桩位，力求桩架平稳垂直。

4. 进行打桩试验

打桩试验又叫沉桩试验。沉桩前应做数量不少于两根桩的打桩工艺试验，用以了解桩的贯入度、持力层强度、桩的承载力，以及施工过程中遇到的各种问题和反常情况等。

5. 确定打桩顺序

打桩时，由于桩对土体的挤密作用，先打入的桩被后打入的桩水平挤推而造成偏移和变位或被垂直挤拔造成浮桩，而后打入的桩难以达到设计高程或入土深度，造成土体隆起和挤压，截桩过大。所以，群桩施工时，为了保证质量和进度，防止周围建筑物破坏，打桩前根据桩的密集程度、规格、长短以及桩架移动是否方便等因素来选择正确的打桩顺序。

常用的打桩顺序一般有：自两侧向中间打设、逐排打设、自中间向四周打设、自中间向两侧打设。当桩的中心距不大于 4 倍桩的直径或边长时，应由中间向两侧对称施打或由中间向四周施打。当桩的中心距大于 4 倍桩的边长或直径时，可采用上述两种打法，或逐排单向打设。

（三）打桩

打桩开始时，应先采用小的落距（0.5～0.8m）做轻的锤击，使桩正常沉入土中1～2m后，经检查桩尖不发生偏移，再逐渐增大落距至规定高度，继续锤击，直至把桩打到设计要求的深度。

桩的施打原则是重锤低击，这样桩锤对桩头的冲击小，回弹也小，桩头不易损坏，大部分能量都用于克服桩身与土的摩阻力和桩尖阻力上，桩能较快地沉入土中。

四、静力压桩施工

打桩机打桩施工噪声大，特别是在城市人口密集地区打桩，影响居民休息，为了减少噪声，可采用静力压桩。静力压桩是在软弱土层中，利用静压力将预制桩逐节压入土中的一种沉桩法。这种方法节约钢筋和混凝土，降低工程造价，而且施工时无噪声、无振动、无污染，对周围环境的干扰小，适用于软土地区、城市中心或建筑物密集处的桩基础工程，以及精密工厂的扩建工程。

（一）压桩机械设备

压桩机有两种类型：一种是机械静力压桩机，它由压桩架（桩架与底盘）、传动设备（卷扬机、滑轮组、钢丝绳）、平衡设备（铁块）、量测装置（测力计、油压表）及辅助设备（起重设备、送桩）等组成；另一种是液压静力压桩机，它由液压吊装机构、液压夹持、压桩机构（千斤顶）、行走及回转机构、液压及配电系统、配重铁等部分组成，该机具有体积轻巧、使用方便等特点。

（二）压桩工艺方法

1. 施工程序

静力压桩的施工程序为：测量定位—桩机就位—吊桩插桩—桩身对中调直—静压沉桩—接桩—再静压沉桩—终止压桩—切割桩头。

2. 压桩方法

用起重机将预制桩吊运或用汽车运至桩机附近，再利用桩机自身设置的起重机将其吊入夹持器中，夹持油缸将桩从侧面夹紧，压桩油缸做伸程动作，把桩压入土层中。伸长完后，夹持油缸回程松夹，压桩油缸回程，重复上述动作，可实现连续压桩操作，直至把桩压入预定深度土层中。

3. 桩拼接的方法

钢筋混凝土预制长桩在起吊、运输时受力极为不利，因而一般先将长桩分段预制，后再在沉桩过程中接长。常用的接头连接方法有以下两种：

（1）浆锚接头

它是用硫黄水泥或环氧树脂配制成的黏结剂，把上段桩的预留插筋黏结于下段桩的预留孔内。

（2）焊接接头

在每段桩的端部预埋角钢或钢板，施工时与上下段桩身相接触，用扁钢贴焊连成整体。

4.压桩施工要点

①压桩应连续进行，因故停歇时间不宜过长，否则压桩力将大幅度增长而导致桩压不下去或桩机被抬起。

②压桩的终压控制很重要。一般对纯摩擦桩，终压时以设计桩长为控制条件；对长度大于21m的端承摩擦型静压桩，应以设计桩长控制为主，终压力值做对照；对一些设计承载力较高的桩基，终压力值宜尽量接近压桩机满载值；对长14～21m的静压桩，应以终压力达满载值为终压控制条件；对桩周土质较差且设计承载力较高的，宜复压1～2次为佳；对长度小于14m的桩，宜连续多次复压，特别对长度小于8m的短桩，连续复压的次数应适当增加。

③静力压桩单桩竖向承载力，可通过桩的终止压力值大致判断。如判断的终止压力值不能满足设计要求，应立即采取送桩加深处理或补桩，以保证桩基的施工质量。

五、振动沉桩施工

振动沉桩是利用固定在桩顶部的振动器所产生的激振力，通过桩身使土颗粒受迫振动，使其改变排列组织，产生收缩和位移，这样桩表面与土层间的摩擦力就减少，桩在自重和振动力共同作用下沉入土中。

振动沉桩设备简单，不需要其他辅助设备，质量轻、体积小、搬运方便、费用低、工效高，适用于往黏土、松散砂土及黄土和软土中沉桩，更适合于打钢板桩，同时借助起重设备可以拔桩。

第四节　地基的处理与加固

任何建筑物都必须有可靠的地基和基础。建筑物的全部重量（包括各种荷载）最终将通过基础传给地基，所以，对某些地基的处理及加固就成为基础工程施工中的一项重要内容。在施工过程中如发现地基土质过软或过硬，不符合设计要求时，应本着使建筑物各部位沉降尽量趋于一致，以减小地基不均匀沉降的原则对地基进行处理。

在软弱地基上建造建筑物或构筑物，利用天然地基有时不能满足设计要求，需要对地基进行人工处理，以满足结构对地基的要求。常用的人工地基处理方法有换土地基、重锤夯实、强夯、振冲、砂桩挤密、深层搅拌、堆载预压、化学加固等。

一、换土地基

当建筑物基础下的持力层比较软弱，不能满足上部荷载对地基的要求时，常采用换土地基来处理软弱地基。这时先将基础下一定范围内承载力低的软土层挖去，然后回填强度较大的砂、碎石或灰土等，并夯至密实。实践证明：换土地基可以有效地处理某些荷载不大的建筑物地基问题，例如，一般的三四层房屋、路堤、油罐和水闸等的地基。换土地基按其回填的材料可分为砂地基、碎（砂）石地基、灰土地基等。

（一）砂地基和砂石地基

砂地基和砂石地基是将基础下一定范围内的土层挖去，然后用强度较大的砂或碎石等回填，并经分层夯实至密实，以起到提高地基承载力、减少沉降、加速软弱土层的排水固结、防止冻胀和消除膨胀土的胀缩等作用。该地基具有施工工艺简单、工期短、造价低等优点。适用于处理透水性强的软弱黏性土地基，但不宜用于湿陷性黄土地基和不透水的黏性土地基，以免聚水而引起地基下沉和降低承载力。

1. 构造要求

砂地基和砂石地基的厚度一般根据地基底面处土的自重应力与附加应力之和不大于同一标高处软弱土层的容许承载力确定。地基厚度一般不宜大于 3m，也不宜小于 0.5m。地基宽度除要满足应力扩散的要求外，还要根据地基侧面土的容许承载力来确定，以防止地基向两边挤出。关于宽度的计算，目前还缺乏可靠的理论方法，在实践中常常按照当地某些经验数据（考虑地基两侧土的性质）或按经验方法确定。一般情况下，地基的宽度应沿基础两边各放出 200～300mm，如果侧面地基土的土质较差时，还要适当增加。

2. 材料要求

砂和砂石地基所用材料，宜采用颗粒级配良好、质地坚硬的中砂、粗砂、砾砂、碎（卵）石、石屑或其他工业废粒料。在缺少中、粗砂和砾砂的地区可采用细砂，但宜同时掺入一定数量的碎（卵）石，其掺入量应符合地基材料含石量不大于 50%。所用砂石料，不得含有草根、垃圾等有机杂物，含泥量不应超过 5%，兼做排水地基时，含泥量不宜超过 3%，碎石或卵石最大粒径不宜大于 50mm。

3. 施工要点

①铺筑地基前应验槽，先将基底表面浮土、淤泥等杂物清除干净，边坡必须稳定，防止塌方。基坑（槽）两侧附近如有低于地基的孔洞、沟、井和墓穴等，应在未做换土地基前加以处理。

②砂和砂石地基底面宜铺设在同一标高上，如深度不同时，施工应按先深后浅的程序进行。土面应挖成踏步或斜坡搭接，搭接处应夯压密实。分层铺筑时，接头应做成斜坡或阶梯形搭接，每层错开 0.5～1.0m，并注意充分捣实。

③人工级配的砂、石材料，应按级配拌和均匀，再进行铺填捣实。

④换土地基应分层铺筑，分层夯（压）实，分层厚度可用样桩控制。施工时应对下层的密实度检验合格后，方可进行上层施工。

⑤在地下水位高于基坑（槽）底面施工时，应采取排水或降低地下水位的措施，使基坑（槽）保持无积水状态。如用水撼法或插入振动法施工时，应有控制地注水和排水。

⑥冬期施工时，不得采用夹有冰块的砂石做地基，并应采取措施防止砂石内水分冻结。

（二）灰土地基

灰土地基是将基础底面下一定范围内的软弱土层挖去，用按一定体积配合比的石灰和黏性土拌和均匀，在最优含水量情况下分层回填夯实或压实而成。该地基具有一定的强度、水稳定性和抗渗性，施工工艺简单，取材容易，费用较低，适用于处理 1～4m 厚的软弱土层。

1. 构造要求

灰土地基厚度确定原则同砂地基。地基宽度一般为灰土顶面基础砌体宽度加 2.5 倍灰土厚度之和。

2. 材料要求

灰土的土料宜采用就地挖出的黏性土及塑性指数大于 4 的粉土，但不得含有有机杂质或使用耕植土。使用前土料应过筛，其粒径不得大于 15mm。

用作灰土的熟石灰应过筛，粒径不得大于 5mm，并不得夹有未熟化的生石灰块，也不得含有过多的水分。

灰土的配合比一般为 2：8 或 3：7（石灰：土）。

3. 施工要点

①施工前应先验槽，清除松土，如发现局部有软弱土层或孔洞，应及时挖除后用灰土分层回填夯实。

②施工时，应将灰土拌和均匀，颜色一致，并适当控制其含水量。现场检验方法是用

手将灰土紧握成团,两指轻捏能碎为宜,如土料水分过多或不足时,应晾干或洒水润湿。灰土拌好后及时铺好夯实,不得隔日夯打。

③铺灰应分段分层夯筑。每层灰土的夯打遍数,应根据设计要求的干密度在现场试验确定。

④灰土分段施工时,不得在墙角、柱基及承重窗间墙下接缝。上下两层灰土的接缝距离不得小于 500mm,接缝处的灰土应注意夯实。

⑤在地下水位以下的基坑(槽)内施工时,应采取排水措施。夯实后的灰土,在 3 天内不得受水浸泡。灰土地基打完后,应及时进行基础施工和回填土,否则要做临时遮盖,防止日晒雨淋。刚打完毕或尚未夯实的灰土,如遭受雨淋浸泡,则应将积水及松软灰土除去并补填夯实;受浸湿的灰土,应在晾干后再夯打密实。

⑥冬期施工时,不得采用冻土或夹有冻土的土料,并应采取有效的防冻措施。

二、强夯地基

强夯地基是用起重机械将重锤(一般 8~30t)吊起从高处(一般 6~30m)自由落下,给地基以冲击力和振动,从而提高地基土的强度并降低其压缩性的一种有效的地基加固方法。该法具有效果好、速度快、节省材料、施工简便,但施工时噪声和振动大等特点,适用于碎石土、砂土、黏性土、湿陷性黄土及填土地基等的加固处理。

(一)机具设备

1. 起重机械

起重机宜选用起重能力为 150kN 以上的履带式起重机,也可采用专用三角起重架或龙门架作起重设备。起重机械的起重能力为:当直接用钢丝绳悬吊夯锤时,应大于夯锤的 3~4 倍;当采用自动脱钩装置,起重能力取大于 1.5 倍锤重。

2. 夯锤

夯锤可用钢材制作,或用钢板为外壳,内部焊接钢筋骨架后浇筑 C30 混凝土制成。夯锤底面有圆形和方形两种。圆形不易旋转,定位方便,稳定性和重合性好,应用较广。锤底面积取决于表层土质,对砂土一般为 3~4m²,黏性土或淤泥质土不宜使用。夯锤中宜设置若干个上下贯通的气孔,以减少夯击时空气阻力。

3. 脱钩装置

脱钩装置应具有足够强度,且施工灵活。常用的工地自制自动脱钩器由吊环、耳板、销环、吊钩等组成,系由钢板焊接制成。

（二）施工要点

第一，强夯施工前，应进行地基勘察和试夯。通过对试夯前后试验结果对比分析，确定正式施工时的技术参数。

第二，强夯前应平整场地，周围做好排水沟，按夯点布置测量放线确定夯位。地下水位较高时，应在表面铺 0.5～2.0m 中（粗）砂或砂石地基，其目的是在地表形成硬层，可用以支承起重设备，确保机械通行、施工，又可便于强夯产生的孔隙水压力消散。

第三，强夯施工须按试验确定的技术参数进行。一般以各个夯击点的夯击数为施工控制值，也可采用试夯后确定的沉降量控制。夯击时，落锤应保持平稳，夯位准确，如错位或坑底倾斜过大，宜用砂土将坑底整平，才可进行下一次夯击。

第四，每夯击一遍完后，应测量场地平均下沉量，然后用土将夯坑填平，方可进行下一遍夯击。最后一遍的场地平均下沉量，必须符合要求。

第五，强夯施工最好在干旱季节进行，如遇雨天施工，夯击坑内或夯击过的场地有积水时，必须及时排除。冬期施工时，应将冻土击碎。

第六，强夯施工时应对每一夯实点的夯击能量、夯击次数和每次夯沉量等做好详细的现场记录。

三、重锤夯实地基

重锤夯实是用起重机械将夯锤提升到一定高度后，利用自由下落时的冲击能来夯实基土表面，使其形成一层较为均匀的硬壳层，从而使地基得到加固。该法具有施工简便，费用较低，但布点较密，夯击遍数多，施工期相对较长，同时夯击能量小，孔隙水难以消散，加固深度有限，当土的含水量稍高，易夯成橡皮土，处理较困难等特点。适用于处理地下水位以上稍湿的黏性土、砂土、湿陷性黄土、杂填土和分层填土地基。但当夯击振动对邻近的建筑物、设备以及施工中的砌筑工程或浇筑混凝土等产生有害影响时，或地下水位高于有效夯实深度以及在有效深度内存在软黏土层时，不宜采用。

（一）机具设备

1. 起重机械

起重机械可采用配置有摩擦式卷扬机的履带式起重机、打桩机、龙门式起重机或悬臂式桅杆起重机等。其起重能力：当采用自动脱钩时，应大于夯锤重量的 1.5 倍；当直接用钢丝绳悬吊夯锤时，应大于夯锤重量的 3 倍。

2. 夯锤

夯锤形状宜采用截头圆锥体，可用 C20 钢筋混凝土制作，其底部可填充废铁并设置钢底板以使重心降低。锤重宜为 $1.5 \sim 3.0t$，底直径 $1.0 \sim 1.5m$，落距一般为 $2.5 \sim 4.5m$，锤底面单位静压力宜为 $15 \sim 20kPa$。吊钩宜采用自制半自动脱钩器，以减少吊索的磨损和机械振动。

（二）施工要点

第一，施工前应在现场进行试夯，选定夯锤重量、底面直径和落距，以便确定最后下沉量及相应的夯击遍数和总下沉量。最后下沉量系指最后两击平均每击土面的夯沉量，对黏性土和湿陷性黄土取 $10 \sim 20mm$，对砂土取 $5 \sim 10mm$。通过试夯可确定夯实遍数，一般试夯 $6 \sim 10$ 遍，施工时可适当增加 $1 \sim 2$ 遍。

第二，采用重锤夯实分层填土地基时，每层的虚铺厚度以相当于锤底直径为宜，夯击遍数由试夯确定，试夯层数不宜少于两层。

第三，基坑（槽）的夯实范围应大于基础底面，每边应比设计宽度加宽 $0.3m$ 以上，以便于底面边角夯打密实。基坑（槽）边坡应适当放缓。夯实前坑（槽）底面应高出设计标高，预留土层的厚度可为试夯时的总下沉量再加 $50 \sim 100mm$。

第四，夯实时地基土的含水量应控制在最优含水量范围以内。如土的表层含水量过大，可采用铺撒吸水材料（如干土、碎砖、生石灰等）或换土等措施；如土含水量过低，应适当洒水，加水后待全部渗入土中，一昼夜后方可夯打。

第五，在大面积基坑或条形基槽内夯击时，应按一夯挨一夯顺序进行。在一次循环中同一夯位应连夯两遍，下一循环的夯位，应与前一循环错开 1/2 锤底直径，落锤应平稳，夯位应准确。在独立柱基基坑内夯击时，可采用先周边后中间或先外后里的跳打法进行。基坑（槽）底面的标高不同时，应按先深后浅的顺序逐层夯实。

第六，夯实完后，应将基坑（槽）表面修整至设计标高。冬期施工时，必须保证地基在不冻的状态下进行夯击。否则应将冻土层挖去或将土层融化。若基坑挖好后不能立即夯实，应采取防冻措施。

四、振冲地基

振冲地基又称振冲桩复台地基，是以起重机吊起振冲器，启动潜水电机带动偏心块，使振冲器产生高频振动，同时开动水泵，通过喷嘴喷射高压水流成孔，然后分批填以砂石骨料形成一根根桩体，桩体与原地基构成复合地基，以提高地基的承载力，减少地基的沉降和沉降差的一种快速、经济有效的加固方法。该法具有技术可靠、机具设备简单、操作技术易于掌握、施工简便、节省三材、加固速度快、地基承载力高等特点。

振冲地基按加固机理和效果的不同，可分为振冲置换法和振冲密实法两类：前者适用于处理不排水、抗剪强度小于 $20kPa$ 的黏性土、粉土、饱和黄土及人工填土等地基；后者适用于处理砂土和粉土等地基，不加填料的振冲密实法仅适用于处理黏土粒含量小于10%的粗砂、中砂地基。

（一）机具设备

1. 振冲器

宜采用带潜水电机的振冲器，其功率、振动力、振动频率等参数，可按加固的孔径大小、达到的土体密实度选用。

2. 起重机械

起重能力和提升高度均应符合施工和安全要求，起重能力一般为 80～150kN。

3. 水泵及供水管道

供水压力宜大于 0.5MPa，供水量宜大于 20m³/h。

4. 加料设备

可采用翻斗车、手推车或皮带运输机等，其能力须符合施工要求。

5. 控制设备

控制电流操作台，附有150A以上容量的电流表（或自动记录电流计）、500V电压表等。

（二）施工要点

第一，施工前应先在现场进行振冲试验，以确定成孔合适的水压、水量、成孔速度、填料方法、达到土体密实时的密实电流值、填料量和留振时间。

第二，振冲前，应按设计图定出冲孔中心位置并编号。

第三，启动水泵和振冲器，水压可用 400～600kPa，水量可用 200～400L/min，使振冲器以 1～2m/min 的速度徐徐沉入土中。每沉入 0.5～1.0m，宜留振 5～10s 进行扩孔，待孔内泥浆溢出时再继续沉入。当下沉达到设计深度时，振冲器应在孔底适当停留并减小射水压力，以便排除泥浆进行清孔。成孔也可采用将振冲器以 1～2m/min 的速度连续沉至设计深度以上 0.3～0.5m 时，将振冲器往上提到孔口，再同法沉至孔底。如此往复 1～2次，使孔内泥浆变稀，排泥清孔 1～2min 后，将振冲器提出孔口。

第四，填料和振密方法，一般采取成孔后，将振冲器提出孔口，从孔口往下填料，然后再下降振冲器至填料中进行振密，待密实电流达到规定的数值，将振冲器提出孔口。如此自下而上反复进行直至孔口，成桩操作即告完成。

第五，振冲桩施工时桩顶部约 1m 范围内的桩体密实度难以保证，一般应予挖除，另做地基，或用振动碾压使之压实。

第六，冬期施工应将表层冻土破碎后成孔。每班施工完毕后应将供水管和振冲器水管内积水排净，以免冻结影响施工。

五、地基局部处理及其他加固方法简介

（一）地基局部处理

1. 松土坑的处理

当坑的范围较小（在基槽范围内），可将坑中松软土挖除，使坑底及四壁均见天然土为止，回填与天然土压缩性相近的材料。当天然土为砂土时，用砂或级配砂石回填；当天然土为较密实的黏性土，则用 3：7 灰土分层回填夯实；如为中密可塑的黏性土或新近沉积黏性土，可用 1：9 或 2：8 灰土分层回填夯实，每层厚度不大于 20cm。

当坑的范围较大（超过基槽边沿）或因条件限制，槽壁挖不到天然土层时，则应将该范围内的基槽适当加宽，加宽部分的宽度可按下述条件确定：当用砂土或砂石回填时，基槽每边均应按 1：1 坡度放宽；当用 1：9 或 2：8 灰土回填时，按 0.5：1 坡度放宽；当用 3：7 灰土回填时，如坑的长度≤2m，基槽可不放宽，但灰土与槽壁接触处应夯实。

如坑在槽内所占的范围较大（长度在 5m 以上），且坑底土质与一般槽底天然土质相同，可将此部分基础加深，做 1：2 踏步与两端相接，踏步多少根据坑深而定，但每步高不大于 0.5m，长不小于 1.0m。

对于较深的松土坑（如坑深大于槽宽或大于 1.5m 时），槽底处理后，还应适当考虑加强上部结构的强度，方法是在灰土基础上 1～2 皮砖处（或混凝土基础内）、防潮层下 1～2 皮砖处及首层顶板处，加配 $\phi 4～12mm$ 钢筋跨过该松土坑两端各 1m，以防产生过大的局部不均匀沉降。

如遇到地下水位较高，坑内无法夯实时，可将坑（槽）中软弱的松土挖去后，再用砂土、碎石或混凝土代替灰土回填。如坑底在地下水位以下时，回填前先用粗砂与碎石（比例为 1：3）分层回填夯实；地下水位以上用 3：7 灰土回填夯实至要求高度。

2. 砖井或土井的处理

当砖井或土井在室外，距基础边缘 5m 以内时，应先用素土分层夯实，回填到室外地坪以下 1.5m 处，将井壁四周砖圈拆除或松软部分挖去，然后用素土分层回填并夯实。

如井在室内基础附近，可将水位降到最低可能的限度，用中、粗砂及块石、卵石或碎砖等回填到地下水位以上 0.5m。砖井应将四周砖圈拆至坑（槽）底以下 1m 或更深些，然后再用素土分层回填并夯实，如井已回填，但不密实或有软土，可用大块石将下面软土挤紧，再分层回填素土夯实。

当井在基础下时，应先用素土分层回填夯实至基础底下 2m 处，将井壁四周松软部分挖去，有砖井圈时，将井圈拆至槽底以下 1～1.5m。当井内有水，应用中、粗砂及块石、卵石或碎砖回填至水位以上 0.5m，然后再按上述方法处理；当井内已填有土，但不密实，且挖除困难时，可在部分拆除后的砖石井圈上加钢筋混凝土盖封口，上面用素土或 2∶8 灰土分层回填、夯实至槽底。

若井在房屋转角处，且基础部分或全部压在井上，除用以上办法回填处理外，还应对基础加强处理。当基础压在井上部分较少，可采用从基础中挑梁的办法解决。当基础压在井上部分较多，用挑梁的方法较困难或不经济时，则可将基础沿墙长方向向外延长出去，使延长部分落在天然土上。落在天然土上基础总面积应等于或稍大于井圈范围内原有基础的面积，并在墙内配筋或用钢筋混凝土梁来加强。

当井已淤填，但不密实时，可用大块石将下面软土挤密，再用上述办法回填处理。如井内不能夯填密实，上部荷载又较大，可在井内设灰土挤密桩或石灰桩处理；如土井在大体积混凝土基础下，可在井圈上加钢筋混凝土盖板封口，上部再用素土或 2∶8 灰土回填密实的办法处理，使基土内附加应力传布范围比较均匀，但要求盖板至基底的高差大于井径。

3. 局部软硬土的处理

当基础下局部遇基岩、旧墙基、大孤石、老灰土、化粪池、大树根、砖窑底等，均应尽可能挖除，以防建筑物局部落于较硬物上造成不均匀沉降，而使上部建筑物开裂。

若基础一部分落于基岩或硬土层上，一部分落于软弱土层上，基岩表面坡度较大，则应在软土层上采用现场钻孔灌注桩至基岩；或在软土部位做混凝土或砌块石支承墙（或支墩）至基岩；或将基础以下基岩凿去 0.3～0.5m 深，填以中粗砂或土砂混合物做软性褥垫，使之能调整岩土交界部位地基的相对变形，避免应力集中出现裂缝；或采取加强基础和上部结构的刚度，来克服软硬地基的不均匀变形。

如基础一部分落于原土层上，另一部分落于回填土地基上时，可在填土部位用现场钻孔灌注桩或钻孔爆扩桩直至原土层，使该部位上部荷载直接传至原土层，以避免地基的不均匀沉降。

（二）其他地基加固方法简介

1. 砂桩地基

砂桩地基是采用类似沉管灌注桩的机械和方法，通过冲击和振动，把砂挤入土中而成的。这种方法经济、简单且有效。对于砂土地基，可通过振动或冲击的挤密作用，使地基达到密实，从而增加地基承载力，降低孔隙比，减少建筑物沉降，提高砂基抵抗液化的能力。对于黏性土地基，可起到置换和排水砂井的作用，加速土的固结，形成置换桩与固结后软黏土的复合地基，显著地提高地基抗剪强度。这种桩适用于挤密松散砂土、素填土和杂填土等地基。对于饱和软黏土地基，由于其渗透性较小、抗剪强度较低、灵敏度又较大，要使砂桩本身挤密并使地基土密实往往较困难，相反，却破坏了土的天然结构，使抗剪强度降低，因而对这类工程要慎重对待。

2. 水泥土搅拌桩地基

水泥土搅拌桩地基系利用水泥、石灰等材料作为固化剂，通过特制的深层搅拌机械，在地基深处就地将软土和固化剂（浆液或粉体）强制搅拌，利用固化剂和软土之间所产生的一系列物理、化学反应，使软土硬结成具有一定强度的优质地基。本法具有无振动、无噪声、无污染、无侧向挤压，对邻近建筑物影响很小，且施工期较短、造价低廉、效益显著等特点。适用于加固较深较厚的淤泥、淤泥质土、粉土和含水量较高且地基承载力不大于 120kPa 的黏性土地基，对超软土效果更为显著。多用于墙下条形基础、大面积堆料厂房地基，在深基开挖时用于防止坑壁及边坡塌滑、坑底隆起等，以及做地下防渗墙等工程。

3. 预压地基

预压地基是在建筑物施工前，在地基表面分级堆土或其他荷重，使地基土压密、沉降、固结，从而提高地基强度和减少建筑物建成后的沉降量。待达到预定标准后再卸载，建造建筑物。本法具有使用材料、机具方法简单直接，施工操作方便，但堆载预压需要一定的时间，对深厚的饱和软土，排水固结所需的时间很长，同时需要大量堆载材料等特点。适用于各类软弱地基，包括天然沉积土层或人工冲填土层，较广泛地用于冷藏库、油罐、机场跑道、集装箱码头、桥台等沉降要求较低的地基。实践证明，利用堆载预压法能取得一定的效果，但能否满足工程要求的实际效果，则取决于地基土层的固结特性、土层的厚度、预压荷载的大小和预压时间的长短等因素，因此在使用上受到一定的限制。

4. 注浆地基

注浆地基是指利用化学溶液或胶结剂，通过压力灌注或搅拌混合等措施，而将土粒胶结起来的地基处理方法。本法具有设备工艺简单、加固效果好、可提高地基强度、消除土的湿陷性、降低压缩性等特点。适用于局部加固新建或已建的建（构）筑物基础、稳定边坡以及防渗帷幕等，也适用于湿陷性黄土地基，对于黏性土、素填土、地下水位以下的黄土地基，经试验有效时也可应用，但长期受酸性污水浸蚀的地基不宜采用。化学加固能否获得预期的效果，主要取决于能否根据具体的土质条件，选择适当的化学浆液（溶液和胶结剂）和采用有效的施工工艺。

总之，用于地基加固处理的方法较多，除上述介绍的几种以外，还有高压喷射注浆地基等。

第三章　砌筑工程

第一节　脚手架及垂直运输设施

在建筑施工中，脚手架和垂直运输设施占有特别重要的地位。选择与使用的合适与否，不但直接影响施工作业的顺利和安全进行，而且关系到工程质量、施工进度和企业经济效益的提高，因而它是建筑施工技术措施中最重要的环节之一。

一、脚手架

脚手架是建筑施工中重要的临时设施，是在施工现场为安全防护、工人操作以及解决楼层间少量垂直和水平运输而搭设的支架。脚手架的种类很多：按其搭设位置分为外脚手架和里脚手架两大类；按其所用材料分为木脚手架、竹脚手架与金属脚手架；按其用途分为操作脚手架、防护用脚手架、承重和支撑用脚手架；按其构造形式分为多立杆式、框式、吊挂式、悬挑式、升降式以及用于楼层间操作的工具式脚手架；等等。

建筑施工脚手架应由架子工搭设，对脚手架的基本要求是：应满足工人操作、材料堆置和运输的需要；坚固稳定，安全可靠；搭拆简单，搬移方便；尽量节约材料，能多次周转使用。脚手架的宽度一般为 $1.5\sim2.01\mathrm{m}$，砌筑用脚手架的每步架高度一般为 $1.2\sim1.4\mathrm{m}$，装饰用脚手架的一步架高一般为 $1.6\sim1.8\mathrm{m}$。

（一）外脚手架

外脚手架沿建筑物外围从地面搭起，既可用于外墙砌筑，又可用于外装饰施工。其主要形式有多立杆式、框式、桥式等。多立杆式应用最广，框式次之。

1. 多立杆式脚手架

（1）基本组成和一般构造

多立杆式脚手架主要由立杆、纵向水平杆（大横杆）、横向水平杆（小横杆）、斜撑、脚手板等组成。其特点是每步架高可根据施工需要灵活布置，取材方便，钢、竹、木等均可应用。

多立杆式脚手架分双排式和单排式两种形式。双排式沿墙外侧设两排立杆，小横杆两端支承在内外两排立杆上，多、高层房屋均可采用，当房屋高度超过 50m 时，须专门设计。

单排式沿墙外侧仅设一排立杆，其小横杆一端与大横杆连接，另一端支承在墙上，仅适用于荷载较小、高度较低、墙体有一定强度的多层房屋。

早期的多立杆式外脚手架主要采用竹、木杆件搭设而成，后来逐渐采用钢管和特制的扣件来搭设。这种多立杆式钢管外脚手有扣件式和碗扣式两种。

钢管扣件式脚手架由钢管和扣件组成。采用扣件连接，既牢固又便于装拆，可以重复周转使用，因而应用广泛。这种脚手架在纵向外侧每隔一定距离须设置斜撑，以加强其纵向稳定性和整体性。另外，为了防止整片脚手架外倾和抵抗风力，整片脚手架还须均匀设置连墙杆，将脚手架与建筑物主体结构相连，依靠建筑物的刚度来加强脚手架的整体稳定性。

碗扣式钢管脚手架立杆与水平杆靠特制的碗扣接头连接。碗扣分上碗扣和下碗扣，下碗扣焊在钢管上，上碗扣对应地套在钢管上，其销槽对准焊在钢管上的限位销即能上下滑动。连接时，只须将横杆接头插入下碗扣内，将上碗扣沿限位销扣下，并顺时针旋转，靠上碗扣螺旋面使之与限位销顶紧，从而将横杆和立杆牢固地连在一起，形成框架结构。碗扣式接头可同时连接 4 根横杆，横杆可相互垂直亦可组成其他角度，因而可以搭设各种形式脚手架，特别适合于搭设扇形表面及高层建筑施工和装修作用两用外脚手架，还可作为模板的支撑。

（2）承力结构

脚手架的承力结构主要指作业层、横向构架和纵向构架三部分。

作业层是直接承受施工荷载，荷载由脚手板传给小横杆，再传给大横杆和立柱。

横向构架由立杆和小横杆组成，是脚手架直接承受和传递垂直荷载的部分。它是脚手架的受力主体。

纵向构架是由各榀横向构架通过大横杆相互之间连成的一个整体。它应沿房屋的周围形成一个连续封闭的结构，所以房屋四周脚手架的大横杆在房屋转角处要相互交圈，并确保连续。实在不能交圈时，脚手架的端头应采取有效措施来加强其整体性。常用的措施是设置抗侧力构件、加强与主体结构的拉结等。

（3）支撑体系

脚手架的支撑体系包括纵向支撑（剪刀撑）、横向支撑和水平支撑。这些支撑应与脚手架这一空间构架的基本构件很好连接。设置支撑体系的目的是使脚手架成为一个几何稳定的构架，加强其整体刚度，以增大抵抗侧向力的能力，避免出现节点的可变状态和过大的位移。

①纵向支撑（剪刀撑）

纵向支撑是指沿脚手架纵向外侧隔一定距离由下而上连续设置的剪刀撑。具体布置如下：

　　a. 脚手架高度在 25m 以下时，在脚手架两端和转角处必须设置，中间每隔 12～15m 设一道，且每片架子不少于 3 道。剪刀撑宽度宜取 3～5 倍立杆纵距，斜杆与地面夹角宜在 45°～60°内，最下面的斜杆与立杆的连接点离地面不宜大于 500mm。

　　b. 脚手架高度在 25～50m 时，除沿纵向每隔 12～15m 自下而上连续设置一道剪刀撑外，在相邻两排剪刀撑之间，尚须沿高度每隔 10～15m 加设一道沿纵向通长的剪刀撑。

　　c. 对高度大于 50m 的高层脚手架，应沿脚手架全长和全高连续设置剪刀撑。

②横向支撑

　　横向支撑是指在横向构架内从底到顶沿全高呈之字形设置的连续的斜撑。具体设置要求如下：

　　a. 脚手架的纵向构架因条件限制不能形成封闭形，如一字形、I 形或凹字形的脚手架，其两端必须设置横向支撑，并于中间每隔 6 个间距加设一道横向支撑。

　　b. 脚手架高度超过 25m 时，每隔 6 个间距要设置横向支撑一道。

③水平支撑

　　水平支撑是指在设置连墙拉结杆件的所在水平面内连续设置的水平斜杆。一般可根据需要设置，如在承力较大的结构脚手架中或在承受偏心荷载较大的承托架、防护棚、悬挑水平安全网等部位设置，以加强其水平刚度。

　　（4）抛撑和连墙杆

　　脚手架由于其横向构架本身是一个高跨比相差悬殊的单跨结构，仅依靠结构本身尚难以做到保持结构的整体稳定，防止倾覆和抵抗风力。对于高度低于三步的脚手架，可以采用加设抛撑来防止其倾覆，抛撑的间距不超过 6 倍立杆间距，抛撑与地面的夹角为 45°～60°并应在地面支点处铺设垫板。对于高度超过三步的脚手架防止倾斜和倒塌的主要措施是将脚手架整体依附在整体刚度很大的主体结构上，依靠房屋结构的整体刚度来加强和保证整片脚手架的稳定性。其具体做法是在脚手架上均匀地设置足够多的牢固的连墙点。

　　连墙点的位置应设置在与立杆和大横杆相交的节点处，离节点的间距不宜大于 300mm。

　　设置一定数量的连墙杆后，整片脚手架的倾覆破坏一般不会发生。但要求与连墙杆连接一端的墙体本身要有足够的刚度，所以连墙杆在水平方向应设置在框架梁或楼板附近，竖直方向应设置在框架柱或横隔墙附近。连墙杆在房屋的每层范围均须布置一排，一般竖向间距为脚手架步高的 2～4 倍，不宜超过 4 倍，且绝对值在 3～4m 内；横向间距宜选用立杆纵距的 3～4 倍，不宜超过 4 倍，且绝对值在 4.5～6.0m 内。

　　（5）搭设要求

　　脚手架搭设时应注意地基平整坚实，设置底座和垫板，并有可靠的排水措施，防止积水浸泡地基引起不均匀沉陷。杆件应按设计方案进行搭设，并注意搭设顺序，扣件拧紧程度应适度，一般扭力矩应为 40 ～ 60kN·m。禁止使用规格和质量不合格的杆配件。相邻立柱的对接扣件不得在同一高度，应随时校正杆件的垂直和水平偏差。脚手架处于顶层连墙点之上的自由高度不得大于 6m。当作业层高出其下连墙件两步或 4m 以上，且其上尚无连墙件时，应采取适当的临时撑拉措施。脚手板或其他作业层铺板的铺设应符合有关规定。

2. 框式脚手架

（1）基本组成

框式脚手架也称为门式脚手架，是当今国际上应用最普遍的脚手架之一。它不仅可作为外脚手架，而且可作为内脚手架或满堂脚手架。框式脚手架由门式框架、剪刀撑、水平梁架、螺旋基脚组成基本单元，将基本单元相互连接并增加梯子、栏杆及脚手板等即形成脚手架。

（2）搭设要求

框式脚手架是一种工厂生产、现场搭设的脚手架，一般只要按产品目录所列的使用荷载和搭设规定进行施工，不必再进行验算。如果实际使用情况与规定有出入时，应采取相应的加固措施或进行验算。通常框式脚手架搭设高度限制在 45m 以内，采取一定措施后达到 80m 左右。施工荷载一般为：均布荷载 $1.8kN/m^2$，或作用于脚手架板跨中的集中荷载 2kN。

搭设框式脚手架时，基底必须夯实找平，并铺可调底座，以免发生塌陷和不均匀沉降。要严格控制第一步门式框架垂直度偏差不大于 2mm，门架顶部的水平偏差不大于 5mm。门架的顶部和底部用纵向水平杆和扫地杆固定。门架之间必须设置剪刀撑和水平梁架（或脚手板），其间连接应可靠，以确保脚手架的整体刚度。

（二）里脚手架

里脚手架搭设于建筑物内部，每砌完一层墙后，即将其转移到上一层楼面，进行新的一层砌体砌筑，它可用于内外墙的砌筑和室内装饰施工。里脚手架用料少，但装拆频繁，故要求轻便灵活，装拆方便。其结构形式有折叠式、支柱式和门架式等多种。

1. 折叠式

折叠式里脚手架适用于民用建筑的内墙砌筑和内粉刷，也可用于砖围墙、砖平房的外墙砌筑和粉刷。根据材料不同，分为角钢、钢管和钢筋折叠式里脚手架。

2. 支柱式

支柱式里脚手架由若干个支柱和横杆组成。适用于砌墙和内粉刷。其搭设间距，砌墙时不超过 2m，粉刷时不超过 2.5m。支柱式里脚手架的支柱有套管式和承插式两种形式。

（三）其他几种脚手架简介

1. 木、竹脚手架

各种先进金属脚手架的迅速推广，使传统木、竹脚手架的应用减少，但在我国南方地区和广大乡镇地区仍时常采用木、竹脚手架。木、竹脚手架是由木杆或竹竿用铅丝、棕绳或竹篾绑扎而成。木杆常用剥皮杉杆，缺乏杉杆时，也可用其他坚韧质轻的木料。竹竿应用生长 3 年以上的毛竹。

2. 悬挑式脚手架

悬挑式脚手架简称挑架，搭设在建筑物外边缘向外伸出的悬挑结构上，将脚手架荷载全部或部分传递给建筑结构。悬挑支承结构有用型钢焊接制作的三角桁架下撑式结构以及用钢丝绳斜拉住水平型钢挑梁的斜拉式结构两种主要形式。在悬挑结构上搭设的双排外脚手架与落地式脚手架相同，分段悬挑脚手架的高度一般控制在 25m 以内。该形式的脚手架适用于高层建筑的施工。由于脚手架系沿建筑物高度分段搭设，故在一定条件下，当上层还在施工时，其下层即可提前交付使用；而对于有裙房的高层建筑，则可使裙房与主楼不受外脚手架的影响，同时展开施工。

3. 吊挂式脚手架

吊挂式脚手架在主体结构施工阶段为外挂脚手架，随主体结构逐层向上施工，用塔吊吊升，悬挂在结构上。在装饰施工阶段，该脚手架改为从屋顶吊挂，逐层下降。吊挂式脚手架的吊升单元（吊篮架子）宽度宜控制在 5 ~ 6m。该形式的脚手架适用于高层框架和剪力墙结构施工。

4. 升降式脚手架

升降式脚手架简称爬架。它是将自身分为两大部件，分别依附固定在建筑结构上。在主体结构施工阶段，升降式脚手架利用自身带有的升降机构和升降动力设备，使两个部件互为利用，交替松开、固定，交替爬升，其爬升原理同爬升模板。在装饰施工阶段，交替下降。该形式的脚手架搭设高度为 3 ~ 4 个楼层，不占用塔吊，相对落地式外脚手架，省材料、省人工，适用于高层框架、剪力墙和筒体结构的快速施工。

（四）脚手架的安全防护措施

在房屋建筑施工过程中因脚手架出现事故的概率相当高，所以在脚手架的设计、架设使用和拆卸中均须十分重视安全防护问题。

当外墙砌筑高度超过4m或立体交叉作业时，除在作业面正确铺设脚手板和安装防护栏杆与挡脚板外，还必须在脚手架外侧设置安全网。架设安全网时，其伸出宽度应不小于2m，外口要高于内口，搭接应牢固，每隔一定距离应用拉绳将斜杆与地面锚桩拉牢。

当用里脚手架施工外墙或多层、高层建筑用外脚手架时，均须设置安全网。安全网应随楼层施工进度逐步上升，高层建筑除这一道逐步上升的安全网外，尚应在下面间隔3～4层的部位设置一道安全网。施工过程中要经常对安全网进行检查和维修，每块支好的安全网应能承受不小于1.6kN的冲击荷载。

钢脚手架不得搭设在距离35kV以上的高压线路4.5m以内的地区和距离1～10kV高压线路3m以内的地区。钢脚手架在架设和使用期间，要严防与带电体接触，需要穿过或靠近380V以内的电力线路，距离在2m以内时，则应断电或拆除电源，如不能拆除，应采取可靠的绝缘措施。

搭设在旷野、山坡上的钢脚手架，如在雷击区域或雷雨季节时，应设避雷装置。

二、垂直运输设施

垂直运输设施指在建筑施工中担负垂直输送材料和人员上下的机械设备和设施。砌筑工程中的垂直运输量很大，不仅要运输大量的砖（或砌块）、砂浆，还要运输脚手架、脚手板和各种预制构件，因而如何合理安排垂直运输就直接影响到砌筑工程的施工速度和工程成本。

（一）垂直运输设施的种类

目前，砌筑工程中常用的垂直运输设施有塔式起重机、井架、龙门架、施工电梯、灰浆泵等。

1.塔式起重机

塔式起重机具有提升、回转、水平运输等功能，不仅是重要的吊装设备，也是重要的垂直运输设备，尤其在吊运长、大、重的物料时有明显的优势，故在可能条件下宜优先选用。

2.井架、龙门架

井架是施工中最常用的，也是最为简便的垂直运输设施。它的稳定性好、运输量大，除用型钢或钢管加工的定型井架之外，还可用脚手架材料搭设而成。井架多为单孔井架，但也可构成两孔或多孔井架。井架通常带一个起重臂和吊盘。起重臂起重能力为5～10kN，在其外伸工作范围内也可做小距离的水平运输。吊盘起重量为10～15kN，其中可放置运料的手推车或其他散装材料。搭设高度可达40m，须设缆风绳保持井架的稳定。

龙门架是由两根三角形截面或矩形截面的立柱及天轮梁（横梁）组成的门式架。在龙门架上设滑轮、导轨、吊盘、缆风绳等，进行材料、机具和小型预制构件的垂直运输。龙门架构造简单、制作容易、用材少、装拆方便，但刚度和稳定性较差，一般适用于中小型工程。

3. 施工电梯

多数施工电梯为人货两用，少数为供货用。电梯按其驱动方式可分为齿条驱动和绳轮驱动两种。齿条驱动电梯又有单吊箱（笼）式和双吊箱（笼）式两种，并装有可靠的限速装置，适用于20层以上建筑工程使用；绳轮驱动电梯为单吊箱（笼）无限速装置，轻巧便宜，适于20层以下建筑工程使用。

4. 灰浆泵

灰浆泵是一种可以在垂直和水平两个方向连续输送灰浆的机械，目前常用的有活塞式和挤压式两种。活塞式灰浆泵按其结构又分为直接作用式和隔膜式两类。

（二）垂直运输设施的设置要求

垂直运输设施的设置一般应根据现场施工条件满足以下一些基本要求：

1. 覆盖面和供应面

塔吊的覆盖面是指以塔吊的起重幅度为半径的圆形吊运覆盖面积。垂直运输设施的供应面是指借助于水平运输手段（手推车等）所能达到的供应范围。建筑工程全部的作业面应处于垂直运输设施的覆盖面和供应面的范围之内。

2. 供应能力

塔吊的供应能力等于吊次乘以吊量（每次吊运材料的体积、重量或件数），其他垂直运输设施的供应能力等于运次乘以运量，运次应取垂直运输设施和与其配合的水平运输机具中的低值。另外，还须乘以 $0.5 \sim 0.75$ 的折减系数，以考虑由于难以避免的因素对供应能力的影响（如机械设备故障等），垂直运输设备的供应能力应能满足高峰工作量的需要。

3. 提升高度

设备的提升高度能力应比实际需要的升运高度高，其高出程度不少于3m，以确保安全。

4. 水平运输手段

在考虑垂直运输设施时，必须同时考虑与其配合的水平运输手段。

5. 装设条件

垂直运输设施装设的位置应具有相适应的装设条件，如具有可靠的基础、与结构拉结和水平运输通道条件等。

6. 设备效能的发挥

必须同时考虑满足施工需要和充分发挥设备效能的问题。当各施工阶段的垂直运输量相差悬殊时，应分阶段设置和调整垂直运输设备，及时拆除已不需要的设备。

7. 设备拥有的条件和今后利用的问题

充分利用现有设备，必要时添置或加工新的设备。在添置或加工新的设备时应考虑今后利用的前景。

8. 安全保障

安全保障是使用垂直运输设施中的首要问题，必须引起高度重视。所有垂直运输设备都要严格按有关规定操作使用。

第二节　砌体施工的准备工作

一、砂浆的制备

砂浆按组成材料的不同大致可分为水泥砂浆、混合砂浆两类。

（一）水泥砂浆

用水泥和砂拌和成的水泥砂浆具有较高的强度和耐久性，但和易性差。其多用于高强度和潮湿环境的砌体中。

（二）混合砂浆

在水泥砂浆中掺入一定数量的石灰膏或黏土膏的水泥混合砂浆具有一定的强度和耐久性，且和易性和保水性好。其多用于一般墙体中。

砂浆的配合比应事先通过计算和试配确定。水泥砂浆的最小水泥用量不宜小于200kg/m³。砂浆用砂宜采用中砂。砂中的含泥量，对于水泥砂浆和强度等级不小于M5的水泥混合砂浆，不宜超过5%；对于强度等级小于M5的水泥混合砂浆，不应超过10%。用块状生石灰熟化成石灰膏时，其熟化时间不得少于7d。用黏土或粉质黏土制备黏土膏，应过筛，并用搅拌机加水搅拌。为了改善砂浆在砌筑时的和易性，可掺入适量的有机塑化剂，其掺量一般为水泥用量的（0.5～1）/10 000。

砂浆应采用机械拌和,自投完料算起,水泥砂浆和水泥混合砂浆的拌和时间不得少于 2min;水泥粉煤灰砂浆和掺用外加剂的砂浆不得少于 3min;掺用有机塑化剂的砂浆为 3～5min。拌成后的砂浆,其稠度应符合表 3-1 规定,分层度不应大于 30mm,颜色一致。砂浆拌成后应盛入贮灰器中,如砂浆出现泌水现象,应在砌筑前再次拌和。砂浆应随拌随用。水泥砂浆和水泥混合砂浆必须分别在拌成 3h 和 4h 内使用完毕;若施工期间最高气温超过 30℃时,必须分别在拌成后 2h 和 3h 内使用完毕。

表 3-1　砌筑砂浆的稠度

项次	砌体种类	砂浆稠度
1	烧结普通砖砌体	70～90
2	轻骨料混凝土小型砌块	60～90
3	烧结多孔砖、空心砖砌体	60～80
4	烧结普通砖平拱式过梁 空斗墙、筒拱 普通混凝土小型空心砌块 加气混凝土砌块	50～70
5	石砌体	30～50

砂浆强度等级以标准养护[温度为(20±5)℃及正常湿度条件下的室内不通风处养护]龄期为 28d 的试块抗压强度为准。砌筑砂浆强度等级分为 M15、M10、M7.5、M5、M2.5 五个等级,各强度等级相应的抗压强度值应符合表 3-2 的规定。砂浆试块应在搅拌机出料口随机取样制作。每一检验批且不超过 250m 砌体的各种类型及强度等级的砌筑砂浆,每台搅拌机应至少抽验一次。

表 3-2　砌筑砂浆强度等级

强度等级	龄期 28d 抗压强度 /MPa	
	各组平均值不小于	最小一组平均值不小于
M15	15	11.25
M10	10	7.5
M7.5	7.5	5.63
M5	5	3.75
M2.5	2.5	1.88

二、砖的准备

砖的品种、强度等级必须符合设计要求,并应规格一致。用于清水墙、柱表面的砖,应边角整齐、色泽均匀。在砌砖前应提前 1～2d 将砖堆浇水湿润,以使砂浆和砖能很好地黏结。严禁砌筑前临时浇水，以免因砖表面存有水膜而影响砌体质量。烧结普通砖、多孔砖的含水率宜为 10% ~ 15%，灰砂砖、粉煤灰砖的含水率宜为 8% ~ 12%。检查含水率的最简易方法是现场断砖，砖截面周围融水深度达 15 ~ 20mm 即视为符合要求。

三、施工机具的准备

砌筑前，一般应按施工组织设计要求组织垂直和水平运输机械，砂浆搅拌机械进场、安装、调试等工作。垂直运输多采用扣件及钢管搭设的井架，或人货两用施工电梯，或塔式起重机，而水平运输多采用手推车或机动翻斗车。对多高层建筑，还可以用灰浆泵输送砂浆。同时，还要准备脚手架、砌筑工具（如皮数杆、托线板）等。

第三节　砌筑工程的类型与施工

一、砌体的一般要求

砌体可分为：砖砌体，主要有墙和柱；砌块砌体，多用于定型设计的民用房屋及工业厂房的墙体；石材砌体，多用于带形基础、挡土墙及某些墙体结构；配筋砌体，在砌体水平灰缝中配置钢筋网片或在墙体外部的预留沟槽内设置竖向粗钢筋的组合砌体。

砌体除应采用符合质量要求的原材料外，还必须有良好的砌筑质量，以使砌体有良好的整体性、稳定性和良好的受力性能，一般要求灰缝横平竖直、砂浆饱满、厚薄均匀、砌块应上下错缝、内外搭砌、接槎牢固、墙面垂直；要预防不均匀沉降引起开裂；要注意施工中墙、柱的稳定性；冬期施工时还要采取相应的措施。

二、毛石基础与砖基础砌筑

（一）毛石基础

1. 毛石基础构造

毛石基础是用毛石与水泥砂浆或水泥混合砂浆砌成。所用毛石应质地坚硬、无裂纹，强度等级一般为 MU20 以上，砂浆宜用水泥砂浆，强度等级应不低于 M5。

毛石基础可做墙下条形基础或柱下独立基础。按其断面形状有矩形、阶梯形和梯形等。基础顶面宽度应比墙基底面宽度大 200mm；基础底面宽度依设计计算而定。梯形基础坡角应大于 60°。阶梯形基础每阶高不小于 300mm，每阶挑出宽度不大于 200mm。

2.毛石基础施工要点

①基础砌筑前,应先行验槽并将表面的浮土和垃圾清除干净。

②放出基础轴线及边线,其允许偏差应符合规范规定。

③毛石基础砌筑时,第一皮石块应坐浆,并大面向下;料石基础的第一皮石块应丁砌并坐浆。砌体应分皮卧砌、上下错缝、内外搭砌,不得采用先砌外面石块后中间填心的砌筑方法。

④石砌体的灰缝厚度:毛料石和粗料石砌体不宜大于20mm,细料石砌体不宜大于5mm。石块间较大的孔隙应先填塞砂浆后用碎石嵌实,不得采用先放碎石块后灌浆或干填碎石块的方法。

⑤为增加整体性和稳定性,应按规定设置拉结石。

⑥毛石基础的最上一皮及转角处、交接处和洞口处,应选用较大的平毛石砌筑。有高低台的毛石基础,应从低处砌起,并由高台向低台搭接,搭接长度不小于基础高度。

⑦阶梯形毛石基础,上阶的石块应至少压砌下阶石块的1/2,相邻阶梯毛石应相互错缝搭接。

⑧毛石基础的转角处和交接处应同时砌筑。如不能同时砌筑又必须留槎时,应砌成斜槎。基础每天可砌高度应不超过1.2m。

(二)砖基础

1.砖基础构造

砖基础下部通常扩大,称为大放脚。大放脚有等高式和不等高式两种。等高式大放脚是两皮一收,即每砌两皮砖,两边各收进1/4砖长;不等高式大放脚是两皮一收与一皮一收相间隔,即砌两皮砖,收进1/4砖长,再砌一皮砖,收进1/4砖长,如此往复。在相同底宽的情况下,后者可减小基础高度,但为保证基础的强度,底层须用两皮一收砌筑。大放脚的底宽应根据计算而定,各层大放脚的宽度应为半砖长的整倍数(包括灰缝)。

在大放脚下面为基础地基,地基一般用灰土、碎砖三合土或混凝土等。在墙基顶面应设防潮层,防潮层宜用1:2.5水泥砂浆加适量的防水剂铺设,其厚度一般为20mm,位置在底层室内地面以下一皮砖处,即离底层室内地面下60mm处。

2.砖基础施工要点

①砌筑前,应将地基表面的浮土及垃圾清除干净。

②基础施工前,应在主要轴线部位设置引桩,以控制基础、墙身的轴线位置,并从中引出墙身轴线,而后向两边放出大放脚的底边线。在地基转角、交接及高低踏步处预先立好基础皮数杆。

③砌筑时，可依皮数杆先在转角及交接处砌几皮砖，然后在其间拉准线砌中间部分。内外墙砖基础应同时砌起，如不能同时砌筑时应留置斜槎，斜槎长度不应小于斜槎高度。

④基础底标高不同时，应从低处砌起，并由高处向低处搭接。如设计无要求，搭接长度不应小于大放脚的高度。

⑤大放脚部分一般采用一顺一丁砌筑形式。水平灰缝及竖向灰缝的宽度应控制在10mm左右，水平灰缝的砂浆饱满度不得小于80%，竖缝要错开。要注意丁字及十字接头处砖块的搭接，在这些交接处，纵横墙要隔皮砌通。大放脚的最下一皮及每层的最上一皮应以丁砌为主。

⑥基础砌完验收合格后，应及时回填。回填土要在基础两侧同时进行，并分层夯实。

三、砖墙砌筑

（一）砌筑形式

普通砖墙的砌筑形式主要有五种：一顺一丁、三顺一丁、梅花丁、两平一侧和全顺式。

1. 一顺一丁

一顺一丁是一皮全部顺砖与一皮全部丁砖间隔砌成。上下皮竖缝相互错开1/4砖长。这种砌法效率较高，适用于砌一砖、一砖半及两砖墙。

2. 三顺一丁

三顺一丁是三皮全部顺砖与一皮全部丁砖间隔砌成。上下皮顺砖间竖缝错开1/2砖长；上下皮顺砖与丁砖间竖缝错开1/4砖长。这种砌法因顺砖较多、效率较高，适用于砌一砖、一砖半墙。

3. 梅花丁

梅花丁是每皮中丁砖与顺砖相隔，上皮丁砖坐中于下皮顺砖，上下皮间竖缝相互错开1/4砖长。这种砌法内外竖缝每皮都能避开，故整体性较好，灰缝整齐，比较美观，但砌筑效率较低。适用于砌一砖及一砖半墙。

4. 两平一侧

两平一侧采用两皮平砌砖与一皮侧砌的顺砖相隔砌成。当墙厚为3/4砖时，平砌砖均为顺砖，上下皮平砌顺砖间竖缝相互错开1/2砖长；上下皮平砌顺砖与侧砌顺砖间竖缝相互1/2砖长。当墙厚为1砖长时，上下皮平砌顺砖与侧砌顺砖间竖缝相互错开1/2砖长；上下皮平砌丁砖与侧砌顺砖间竖缝相互错开1/4砖长。这种形式适合于砌筑3/4砖墙及1砖墙。

5. 全顺式

全顺式是各皮砖均为顺砖，上下皮竖缝相互错开 1/2 砖长。这种形式仅适用于砌半砖墙。

为了使砖墙的转角处各皮间竖缝相互错开，必须在外角处砌七分头砖（3/4 砖长）。当采用一顺一丁组砌时，七分头的顺面方向依次砌顺砖，丁面方向依次砌丁砖。

砖墙的丁字接头处，应分皮相互砌通，内角相交处竖缝应错开 1/4 砖长，并在横墙端头处加砌七分头砖。

砖墙的十字接头处，应分皮相互砌通，交角处的竖缝应相互错开 1/4 砖长。

（二）砌筑工艺

砖墙的砌筑一般有抄平、放线、摆砖、立皮数杆、盘角、挂线、砌筑、勾缝、清理等工序。

1. 抄平、放线

砌墙前先在基础防潮层或楼面上定出各层标高，并用水泥砂浆或 C10 细石混凝土找平，然后根据龙门板上标志的轴线，弹出墙身轴线、边线及门窗洞口位置。二楼以上墙的轴线可以用经纬仪或垂球将轴线引测上去。

2. 摆砖

摆砖又称摆脚，是指在放线的基面上按选定的组砌方式用干砖试摆。目的是校对所放出的墨线在门窗洞口、附墙垛等处是否符合砖的模数，以尽可能减少砍砖，并使砌体灰缝均匀，组砌得当。一般在房屋纵墙方向摆顺砖，在山墙方向摆丁砖，摆砖由一个大角摆到另一个大角，砖与砖留 10mm 缝隙。

3. 立皮数杆

皮数杆是指在其上划有每皮砖和灰缝厚度，以及门窗洞口、过梁、楼板等高度位置的一种木制标杆。砌筑时用来控制墙体竖向尺寸及各部位构件的竖向标高，并保证灰缝厚度的均匀性。

皮数杆一般设置在房屋的四大角以及纵横墙的交接处，如墙面过长时，应每隔 10～15m 立一根。皮数杆须用水平仪统一竖立，使皮数杆上的 ±0.00 与建筑物的 ±0.00 相吻合，以后就可以向上接皮数杆。

4. 盘角、挂线

墙角是控制墙面横平竖直的主要依据，所以，一般砌筑时应先砌墙角，墙角砖层高度必须与皮数杆相符合，做到"三皮一吊，五皮一靠"。墙角必须双向垂直。

墙角砌好后，即可挂小线，作为砌筑中间墙体的依据，以保证墙面平整，一般一砖墙、一砖半墙可用单面挂线，一砖半墙以上则应用双面挂线。

5. 砌筑、勾缝

砌筑操作方法各地不一，但应保证砌筑质量要求。通常采用"三一砌砖法"，即一块砖、一铲灰、一揉压，并随手将挤出的砂浆刮去的砌筑方法。这种砌法的优点是灰缝容易饱满、黏结力好、墙面整洁。

勾缝是砌清水墙的最后一道工序，可以用砂浆随砌随勾缝，叫作原浆勾缝；也可砌完墙后再用 1：1.5 水泥砂浆或加色砂浆勾缝，称为加浆勾缝。勾缝具有保护墙面和增加墙面美观的作用，为了确保勾缝质量，勾缝前应清除墙面黏结的砂浆和杂物，并洒水润湿，在砌完墙后，应画出的灰槽、灰缝可勾成凹、平、斜或凸形状。勾缝完后尚应清扫墙面。

（三）施工要点

（1）全部砖墙应平行砌起，砖层必须水平，砖层正确位置用皮数杆控制，基础和每楼层砌完后必须校对一次水平、轴线和标高，在允许偏差范围内，其偏差值应在基础或楼板顶面调整。

（2）砖墙的水平灰缝和竖向灰缝宽度一般为 10mm，但不小于 8mm，也不应大于 12mm。水平灰缝的砂浆饱满度不得低于 80%，竖向灰缝宜采用挤浆或加浆方法，使其砂浆饱满，严禁用水冲浆灌缝。

（3）砖墙的转角处和交接处应同时砌筑。对不能同时砌筑而又必须留槎时，应砌成斜槎斜槎，长度不应小于高度的 2/3。非抗震设防及抗震设防烈度为 6 度、7 度地区的临时间断处，当不能留斜槎时，除转角处外，可留直槎，但必须做成凸槎，并加设拉结筋。拉结筋的数量为每 120mm 墙厚放置 1φ6 拉结钢筋（120mm 厚墙放置 2φ6 拉结钢筋），间距沿墙高不应超过 500mm，埋入长度从留槎处算起每边均不应小于 500mm，对抗震设防烈度为 6 度、7 度的地区，不应小于 1000mm，末端应有 90°弯钩。抗震设防地区不得留直槎。

（4）砖墙接槎时，必须将接槎处的表面清理干净，浇水润湿，并应填实砂浆，保持灰缝平直。

（5）每层承重墙的最上一皮砖、梁或梁垫的下面及挑檐、腰线等处，应是整砖丁砌。填充墙砌至接近梁、板底时，应留一定空隙，待填充墙砌筑完并应至少间隔 7d 后，再将其补砌挤紧。

（6）砖墙中留置临时施工洞口时，其侧边离交接处的墙面不应小于 500mm，洞口净宽度不应超过 1m。

（7）砖墙相邻工作段的高度差，不得超过一个楼层的高度，也不宜大于 4m。工作段的分段位置应设在伸缩缝、沉降缝、防震缝或门窗洞口处。砖墙临时间断处的高度差，不得超过一步脚手架的高度。砖墙每天砌筑高度以不超过 1.8m 为宜。

（8）在下列墙体或部位中不得留设脚手眼：

① 120mm 厚墙、料石清水墙和独立柱。

②过梁上与过梁成 60°角的三角形范围及过梁净跨度 1/2 的高度范围内。

③宽度小于 1m 的窗间墙。

④砌体门窗洞口两侧 200mm（石砌体为 300mm）和转角处 450mm（石砌体为 600mm）范围内。

⑤梁或梁垫下及其左右 500mm 范围内。

⑥设计不允许设置脚手眼的部位。

四、配筋砌体

配筋砌体是由配置钢筋的砌体作为建筑物主要受力构件的结构。配筋砌体有网状配筋砌体柱、水平配筋砌体墙、砖砌体和钢筋混凝土面层或钢筋砂浆面层组合砌体柱（墙）、砖砌体和钢筋混凝土构造柱组合墙和配筋砌块砌体剪力墙。

（一）配筋砌体的构造要求

配筋砌体的基本构造与砖砌体相同，不再赘述，下面主要介绍构造的不同点：

1.砖柱（墙）网状配筋的构造

砖柱（墙）网状配筋，是在砖柱（墙）的水平灰缝中配有钢筋网片。钢筋上、下保护层厚度不应小于 2mm。所用砖的强度等级不低于 MU10，砂浆的强度等级不应低于 M7.5，采用钢筋网片时，宜采用焊接网片，钢筋直径宜采用 3～4mm；钢筋网中的钢筋的间距不应大于 120mm，并不应小于 30mm；钢筋网片竖向间距，不应大于五皮砖，并不应大于 400mm。

2.组合砖砌体的构造

组合砖砌体是指砖砌体和钢筋混凝土面层或钢筋砂浆面层的组合砌体构件，有组合砖柱、组合砖壁柱和组合砖墙等。

组合砖砌体构件的构造为：面层混凝土强度等级宜采用 C20。面层水泥砂浆强度等级不宜低于 M10，砖强度等级不宜低于 MU10，砌筑砂浆的强度等级不宜低于 M7.5。砂浆面层厚度宜采用 30～45mm，当面层厚度大于 45mm 时，其面层宜采用混凝土。

3.砖砌体和钢筋混凝土构造柱组合墙

组合墙砌体宜用强度等级不低于 MU7.5 的普通砌墙砖与强度等级不低于 M5 的砂浆砌筑。

构造柱截面尺寸不宜小于 240mm×240mm，其厚度不应小于墙厚。砖砌体与构造柱的连接处应砌成马牙槎。并应沿墙高每隔 500mm 设 2φ6 拉结钢筋，且每边伸入墙内不宜小于 600mm。柱内竖向受力钢筋，一般采用 HPB235 级钢筋，对于中柱，不宜少于 4φ12；对于边柱，不宜少于 4φ14，其箍筋一般采用 φ6@200mm，楼层上下 500mm 范围内宜采用 φ6@100mm，构造柱竖向受力钢筋应在基础梁和楼层圈梁中锚固。

组合砖墙的施工程序应先砌墙后浇混凝土构造桩。

4. 配筋砌块砌体构造要求

砌块强度等级不应低于 MU10，砌筑砂浆不应低于 M7.5，灌孔混凝土不应低于 C20。配筋砌块砌体柱边长不宜小于 400mm，配筋砌块砌体剪力墙厚度连梁宽度不应小于 190mm。

（二）配筋砌体的施工工艺

配筋砌体施工工艺的弹线、找平、排砖摆底、墙体盘角、选砖、立皮数杆、挂线、留槎等施工工艺与普通砖砌体要求相同，下面主要介绍其不同点：

1. 砌砖及放置水平钢筋

砌砖宜采用"三一砌砖法"，即"一块砖、一铲灰、一揉压"，水平灰缝厚度和竖直灰缝宽度一般为 10mm，但不应小于 8mm，也不应大于 12mm。砖墙（柱）的砌筑应达到上下错缝、内外搭砌、灰缝饱满、横平竖直的要求。皮数杆上要标明钢筋网片、箍筋或拉结筋的位置，钢筋安装完毕，并经隐蔽工程验收后方可砌上层砖，同时要保证钢筋上下至少各有 2mm 保护层。

2. 砂浆（混凝土）面层施工

组合砖砌体面层施工前，应清除面层底部的杂物，并浇水湿润砖砌体表面。砂浆面层施工从下而上分层施工，一般应两次涂抹，第一次是刮底，使受力钢筋与砖砌体有一定保护层；第二次是抹面，使面层表面平整。混凝土面层施工应支设模板，每次支设高度一般为 50～60cm，并分层浇筑，振捣密实，待混凝土强度达到 30% 以上才能拆除模板。

3. 构造柱施工

构造柱竖向受力钢筋，底层锚固在基础梁上，锚固长度不应小于 35d（d 为竖向钢筋直径），并保证位置正确。受力钢筋接长，可采用绑扎接头，搭接长度为 35d，绑扎接头处箍筋间距不应大于 200mm。楼层上下 500mm 范围内箍筋间距宜为 100。砖砌体与构造柱连接处应砌成马牙槎，从每层柱脚开始，先退后进，每一马牙槎沿高度方向的尺寸不宜超过 300mm，并沿墙高每隔 500mm 设 2φ6 拉结钢筋，且每边伸入墙内不宜小于 1m；预留的拉结钢筋应位置正确,施工中不得任意弯折。浇筑构造柱混凝土之前,必须将砖墙和模板浇水湿润(若为钢模板,不浇水,刷隔离剂),并将模板内落地灰、砖渣和其他杂物清理干净。浇筑混凝土可分段施工,每段高度不宜大于2m,或每个楼层分两次浇灌,应用插入式振动器,分层捣实。

五、砌块砌筑

用砌块代替烧结普通砖做墙体材料,是墙体改革的一个重要途径。近几年来,中小型砌块在我国得到了广泛应用。常用的砌块有粉煤灰硅酸盐砌块、混凝土小型空心砌块、煤矸石砌块等。砌块的规格不统一,中型砌块一般高度为380~940mm,长度为高度的1.5~2.5倍,厚度为180~300mm,每块砌块质量50~200kg。

(一)砌块排列

由于中小型砌块体积较大、较重,不如砖块可以随意搬动,多用专门设备进行吊装砌筑,且砌筑时必须使用整块,不像普通砖可随意砍凿,因此,在施工前,须根据工程平面图、立面图及门窗洞口的大小、楼层标高、构造要求等条件,绘制各墙的砌块排列图,以指导吊装砌筑施工。

砌块排列图按每片纵横墙分别绘制。其绘制方法是在立面上用1:50或1:30的比例绘出纵横墙,然后将过梁、平板、大梁、楼梯、孔洞等在墙面上标出,由纵墙和横墙高度计算皮数,放出水平灰缝线,并保证砌体平面尺寸和高度是块体加灰缝尺寸的倍数,再按砌块错缝搭接的构造要求和竖缝大小进行排列。对砌块进行排列时,注意尽量以主规格砌块为主,辅助规格砌块为辅,减少镶砖。小砌块墙体应对孔错缝搭砌,搭接长度不应小于90mm。墙体的个别部位不能满足上述要求时,应在灰缝中设置拉结钢筋或钢筋网片,但竖向通缝仍不得超过两皮小砌块。砌块中水平灰缝厚度一般为10~20mm,有配筋的水平灰缝厚度为20~25mm;竖缝的宽度为15~20mm,当竖缝宽度大于30mm时,应用强度等级不低于C20的细石混凝土填实,当竖缝宽度≥1500mm或楼层高不是砌块加灰缝的整数倍时应用普通砖镶砌。

(二)砌块施工工艺

砌块施工的主要工序是:铺灰、砌块吊装就位、校正、灌缝和镶砖。

1. 铺灰

砌块墙体所采用的砂浆,应具有良好的和易性,其稠度以50~70mm为宜,铺灰应平整饱满,每次铺灰长度一般不超过5m,炎热天气及严寒季节应适当缩短。

2. 砌块吊装就位

砌块安装通常采用两种方案：一是以轻型塔式起重机进行砌块、砂浆的运输，以及楼板等预制构件的吊装，由台架吊装砌块；二是以井架进行材料的垂直运输、杠杆车进行楼板吊装，所有预制构件及材料的水平运输则用砌块车和劳动车，台架负责砌块的吊装，前者适用于工程量大或两幢房屋对翻流水的情况，后者适用于工程量小的房屋。

砌块的吊装一般按施工段依次进行，其次序为先外后内，先远后近，先下后上，在相邻施工段之间留阶梯形斜槎。吊装时应从转角处或砌块定位处开始，采用摩擦式夹具，按砌块排列图将所需砌块吊装就位。

3. 校正

砌块吊装就位后，用托线板检查砌块的垂直度，拉准线检查水平度，并用撬棍、楔块调整偏差。

4. 灌缝

竖缝可用夹板在墙体内外夹住，然后灌砂浆，用竹片插或铁棒捣，使其密实。当砂浆吸水后用刮缝板把竖缝和水平缝刮齐。灌缝后，一般不应再撬动砌块，以防损坏砂浆黏结力。

5. 镶砖

当砌块间出现较大竖缝或过梁找平时，应镶砖。镶砖砌体的竖直缝和水平缝应控制在 15～30mm。镶砖工作应在砌块校正后即刻进行，镶砖时应注意使砖的竖缝灌密实。

（三）砌块砌体质量检查

砌块砌体质量应符合下列规定：

第一，砌块砌体砌筑的基本要求与砖砌体相同，但搭接长度不应少于 150mm。

第二，外观检查应达到墙面清洁、勾缝密实、深浅一致、交接平整。

第三，经试验检查，在每一楼层或 $250m^3$ 砌体中，一组试块（每组 3 块）同强度等级的砂浆或细石混凝土的平均强度不得低于设计强度最低值，对砂浆不得低于设计强度的 75%，对于细石混凝土不得低于设计强度的 85%。

第四，预埋件、预留孔洞的位置应符合设计要求。

第四节　砌筑工程的质量及安全技术

一、砌筑工程的质量要求

1. 砌体施工质量控制等级：砌体施工质量控制等级分为三级，其标准应符合表 3-3 的要求。

表 3-3　砌体施工质量控制等级

项目	施工质量控制等级		
	A	B	C
现场质量管理	制度健全，并严格执行；非施工方质量监督人员经常到现场，或现场设有常驻代表；施工方有在岗专业技术管理人员，人员齐全，并持证上岗	制度基本健全，并能执行；非施工方质量监督人员间断地到现场进行质量控制；施工方有在岗专业技术管理人员，并持证上岗	有制度；非施工方质量监督人员很少做现场质量控制；施工方有在岗专业技术管理人员
砂浆、混凝土强度	试块按规定制作，强度满足验收规定，离散性小	试块按规定制作，强度满足验收规定，离散性较小	试块强度满足验收规定，离散性大
砂浆拌和方式	机械拌和；配合比计量控制严格	机械拌和；配合比计量控制一般	机械或人工拌和；配合比计量控制较差
砌筑工人	中级工以上，其中高级工不少于 20%	高、中级工不少于 70%	初级工以上

2. 对砌体材料的要求：砌体工程所用的材料应有产品的合格证书、产品性能检测报告。块材、水泥、钢筋、外加剂等尚应有材料主要性能的进场复验报告。严禁使用国家明令淘汰的材料。

3. 任意一组砂浆试块的强度不得低于设计强度的 75%。

4. 砖砌体应横平竖直、砂浆饱满、上下错缝、内外搭砌、接槎牢固。

5. 砖、小型砌块砌体的允许偏差和外观质量标准应符合规范规定。

6. 配筋砌体的构造柱位置及垂直度的允许偏差应符合规范规定。

7. 填充墙砌体一般尺寸的允许偏差应符合规范规定。

8. 填充墙砌体的砂浆饱满度及检验方法应符合规范规定。

二、砌筑工程的安全与防护措施

在砌筑操作前，必须检查施工现场各项准备工作是否符合安全要求，如道路是否畅通、机具是否完好牢固、安全设施和防护用品是否齐全，经检查符合要求后才可施工。

施工人员进入现场必须戴好安全帽。砌基础时，应检查和注意基坑土质的变化情况。堆放砖石材料应离开坑边 1m 以上。砌墙高度超过地坪 1.2m 以上时，应搭设脚手架。架上堆放材料不得超过规定荷载值，堆砖高度不得超过三皮侧砖，同一块脚手板上的操作人员不应超过 2 人。按规定搭设安全网。

不准站在墙顶上做画线、刮缝及清扫墙面或检查大角垂直等工作。不准用不稳固的工具或物体在脚手板上垫高操作。

砍砖时应面向墙面，工作完毕应将脚手板和砖墙上的碎砖、灰浆清扫干净，防止掉落伤人。不准站在墙上做画线、刮缝、吊线等工作。山墙砌完后，应立即安装桁条或临时支撑，防止倒塌。

雨天或每日下班时，应做好防雨准备，以防雨水冲走砂浆，致使砌体倒塌。冬期施工时，脚手板上如有冰霜、积雪，应先清除后才能上架子进行操作。

砌石墙时不准在墙顶或架上修石材，以免振动墙体影响质量或石片掉下伤人。不准徒手移动上墙的石块，以免压破或擦伤手指。不准勉强在超过胸部的墙上进行砌筑，以免将墙体碰撞倒塌或上石时失手掉下造成安全事故。石块不得往下掷。运石上下时，脚手板要钉装牢固，并钉防滑条及扶手栏杆。

对有部分破裂和脱落危险的砌块，严禁起吊；起吊砌块时，严禁将砌块停留在操作人员的上空或在空中整修；砌块吊装时，不得在下一层楼面上进行其他任何工作；卸下砌块时应避免冲击，砌块堆放应尽量靠近楼板两端，不得超过楼板的承重能力；砌块吊装就位时，应待砌块放稳后，方可松开夹；凡脚手架、井架、门架搭设好后，须经专人验收合格后方准使用。

第四章 混凝土结构工程

第一节 模板工程

模板工程的施工工艺包括模板的选材、选型、设计、制作、安装、拆除和周转等过程。模板工程是钢筋混凝土结构工程施工的重要组成部分,特别是在现浇钢筋混凝土结构工程施工中占有突出的地位,将直接影响到施工方法和施工机械的选择,对施工工期和工程造价也有一定的影响。

模板的材料宜选用钢材、胶合板、塑料等;模板支架的材料宜选用钢材等。当采用木材时,其树种可根据各地区实际情况选用,材质不宜低于Ⅲ等材。

一、模板的作用、要求和种类

模板系统包括模板、支架和紧固件三个部分。模板又称模型板,是新浇混凝土成型用的模型。

模板及其支架的要求:能保护工程结构和构件各部分形状尺寸及相互位置的正确;具有足够的承载能力、刚度和稳定性,能可靠地承受新浇混凝土的自重、侧压力及施工荷载;模板构造应简单,装拆方便,便于钢筋的绑扎、安装、混凝土浇筑及养护等要求;模板的接缝不应漏浆。

模板及其支架的分类:

①按其所用的材料不同,分为木模板、钢模板、钢木模板、钢竹模板、胶合板模板、塑料模板、铝合金模板等。

②按其结构的类型不同,分为基础模板、柱模板、楼板模板、墙模板、壳模板和烟囱模板等。

③按其形式不同,分为整体式模板、定型模板、工具式模板、滑升模板、胎模等。

(一)木模板

木模板的特点是加工方便,能适应各种变化形状模板的需要,但周转率低、耗木材多。如节约木材,减少现场工作,木模板一般预先加工成拼板,然后在现场进行拼装,拼板由板条拼钉而成,板条厚度一般为 25 ~ 30mm,其宽度不宜超过 700mm(工具式模板不超过 150mm),拼条间距一般为 400 ~ 500mm,视混凝土的侧压力和板条厚度而定。

（二）基础模板

基础的特点是高度不大而体积较大，基础模板一般利用地基或基槽（坑）进行支撑。

安装时，要保证上下模板不发生相对位移，如为杯形基础，则还要在其中放入杯口模板。

如安装杯形基础，则还应设杯口芯模，当土质良好时，基础的最下一阶可不用模板，而进行原槽灌筑。模板应支撑牢固，要保证上下模板不产生位移。

（三）柱子模板

柱子的特点是断面尺寸不大但比较高。柱子模板由内拼板夹在两块外拼板之内组成，为利用短料，可利用短横板（门子板）代替外拼板钉在内拼板上。为承受混凝土的侧应力，拼板外沿设柱箍，其间距与混凝土侧压力、拼板厚度有关，为 500 ～ 700mm。柱模底部有钉在底部混凝土上的木框，用以固定柱模的位置。柱模顶部有与梁模连接的缺口，背部有清理孔，沿高度每 2m 设浇筑孔，以便浇筑混凝土。对于独立柱模，其四周应加支撑，以免混凝土浇筑时产生倾斜。

安装过程及要求：梁模板安装时，沿梁模板下方地面上铺垫板，在柱模板缺口处钉衬口档，把底板搁置在衬口档上；接着，立起靠近柱或墙的顶撑，再将梁长度等分，立中间部分顶撑，顶撑底下打入木楔，并检查调整标高；然后，把侧模板放上，两头钉于衬口档上，在侧板底外侧铺钉夹木，再钉上斜撑和水平拉条。有主次梁模板时，要待主梁模板安装并校正后才能进行次梁模板安装。梁模板安装后再拉中线检查、复核各梁模板中心线位置是否正确。

（四）梁、楼板模板

梁的特点是跨度大而宽度不大，梁底一般是架空的。楼板的特点是面积大而厚度比较薄，侧向压力小。

梁模板由底模和侧模、夹木及支架系统组成。底模承受垂直荷载，一般较厚。底模用长条模板加拼条拼成，或用整块板条。底模下有支柱（顶撑）或桁架承托。为减少梁的变形，支柱的压缩变形或弹性挠变不超过结构跨度的 1/1000。支柱底部应支承在坚实的地面或楼面上，以防下沉。为便于调整高度，宜用伸缩式顶撑或在支柱底部垫以木楔。多层建筑施工中，安装上层楼的楼板时，其下层楼板应达到足够的强度，或设足够的支柱，梁跨度等于及大于 4m 时，底模应起拱，起拱高度一般为梁跨度的 1/1000 ～ 3/1000。

梁侧模板承受混凝土侧压力，为防止侧向变形，底部用夹紧条夹住，顶部可由支撑楼板模板的木格栅顶住，或用斜撑支牢。

楼板模板多用定型模板，它支承在木格栅上，木格栅支承在梁侧模板外的横档上。

（五）楼梯模板

楼梯模板的构造与楼板相似，不同点是楼梯模板要倾斜支设，且要能形成踏步。踏步模板分为底板及梯步两部分。

（六）定型组合钢模板

定型组合钢模板是一种工具式定型模板，由钢模板和配件组成，配件包括连接件和支承件。

钢模板通过各种连接件和支承件可组合成多种尺寸、结构和几何形状的模板，以适应各种类型建筑物的梁、柱、板、墙、基础和设备等施工的需要，也可用其拼装成大模板、滑模、隧道模和台模等。

施工时可在现场直接组装，亦可预拼装成大块模板或构件模板用起重机吊运安装。

定型组合钢模板组装灵活，通用性强，拆装方便；每套钢模可重复使用 50～100 次；加工精度高，浇筑混凝土的质量好，成型后的混凝土尺寸准确，棱角整齐，表面光滑，可以节省装修用工。

1. 钢模板

钢模板包括平面模板、阴角模板、阳角模板和连接角模。

钢模板采用模数制设计，宽度模数以 50mm 晋级，长度为 150mm 晋级，可以适应横竖拼装成以 50mm 晋级的任何尺寸的模板。

（1）平面模板

平面模板用于基础、墙体、梁、板、柱等各种结构的平面部位，它由面板和肋组成，肋上设有 U 形卡孔和插销孔，利用 U 形卡和 L 形插销等拼装成大块板，规格分类长度有 1500mm、1200mm、900mm、750mm、600mm、450mm 六种，宽度有 300mm、250mm、150mm、100mm 几种，高度为 55mm，可互换组合拼装成以 50mm 为模数的各种尺寸。

（2）阴角模板

阴角模板用于混凝土构件阴角，如内墙角、水池内角及梁板交接处阴角等，宽度阴角膜有 150mm×150mm、100mm×150mm 两种。

（3）阳角模板

阳角模板主要用于混凝土构件阳角，宽度阳角膜有 100mm×100mm、50mm×50mm 两种。

（4）连接角模

角模用于平模板做垂直连接构成阳角，宽度连接角膜有 50mm×50mm 一种。

2. 连接件

定型组合钢模板的连接件包括 U 形卡、L 形插销、钩头螺栓、紧固螺栓、对拉螺栓和扣件等。

（1）U形卡

模板的主要连接件，用于相邻模板的拼装。

（2）L形插销

用于插入两块模板纵向连接处的插销孔内，以增强模板纵向接头处的刚度。

（3）钩头螺栓

连接模板与支撑系统的连接件。

（4）紧固螺栓

用于内、外钢楞之间的连接件。

（5）对拉螺栓

对拉螺栓又称穿墙螺栓，用于连接墙壁两侧模板，保持墙壁厚度，承受混凝土侧压力及水平荷载，使模板不致变形。

（6）扣件

扣件用于钢楞之间或钢楞与模板之间的扣紧，按钢楞的不同形状，分别采用蝶形扣件和"3"形扣件。

3. 支承件

定型组合钢模板的支承件包括钢楞、柱箍、钢支架、斜撑及钢桁架等。

（1）钢楞

钢楞即模板的横档和竖档，分内钢楞与外钢楞。

内钢楞配置方向一般应与钢模板垂直，直接承受钢模板传来的荷载，其间距一般为700～900mm。

钢楞一般用圆钢管、矩形钢管、槽钢或内卷边槽钢，而以钢管用得较多。

（2）柱箍

柱模板四角设角钢柱箍。角钢柱箍由两根互相焊成直角的角钢组成，用弯角螺栓及螺母拉紧。

（3）钢支架

常用钢管支架由内外两节钢管制成，其高低调节距模数为100mm；支架底部除垫板外，均用木楔调整标高，以利于拆卸。

另一种钢管支架本身装有调节螺杆，能调节一个孔距的高度，使用方便，但成本略高。

当荷载较大、单根支架承载力不足时，可用组合钢支架或钢管井架。还可用扣件式钢管脚手架、门形脚手架做支架。

（4）斜撑

由组合钢模板拼成的整片墙模或柱模，在吊装就位后，应由斜撑调整和固定其垂直位置。

（5）钢桁架

其两端可支承在钢筋托具、墙、梁侧模板的横档以及柱顶梁底横档上，以支承梁或板的模板。

（6）梁卡具

梁卡具又称梁托架，用于固定矩形梁、圈梁等模板的侧模板，可节约斜撑等材料，也可用于侧模板上口的卡固定位。

二、模板的安装与拆除

（一）模板的安装

模板及其支架在安装过程中，必须设置防倾覆的临时固定设施。对现浇多层房屋和构筑物，应采取分层分段支模的方法。对现浇结构模板安装的允许偏差应符合表 4-1 的规定；对预制构件模板安装的允许偏差应符合表 4-2 的规定。固定在模板上的预埋件和预留孔洞均不得遗漏，安装必须牢固、位置准确，其允许偏差应符合表 4-3 的规定。

表 4-1　现浇结构模板安装的允许偏差 /mm

项目		允许偏差
轴线位置		5
底模上表面标高		±5
截面内部尺寸	基础	±10
	柱、墙、梁	+4 −5
构件高度	全高≤5m	6
	全高＞5m	8
相邻两板表面高低差		2
表面平整（2m 长度上）		5

表 4-2　预制构件模板安装的允许偏差 /mm

项目		允许偏差
长度	板、梁	±5
	薄腹梁、桁架	±10
	柱	0 -10
	墙板	0 -5
宽度	板、墙板	0 -5
	梁、薄腹梁、桁架、柱	+2 -5
高度	板	+2 -3
	墙板	0 -5
	梁、薄腹梁、桁架、柱	+2 -5
板的对角线差		7
拼板表面高低差		1
板的表面平整（2m 长度上）		3
墙板的对角线差		5
侧向弯曲	梁、柱、板	L/1000 且≤ 15
	墙板、薄腹板、桁架	L/1500 且≤ 15

注：L 为构件长度（mm）。

表 4-3　预埋件和预留孔洞的允许偏差 /mm

项目		允许偏差
预埋钢板中心线位置		3
预埋管、预留孔中心线位置		3
预埋螺栓	中心线位置	2
	外露长度	+10 0

项目		允许偏差
预留洞	中心线位置	10
	截面内部尺寸	+10 0

（二）模板的拆除

模板拆除取决于混凝土的强度、模板的用途、结构的性质、混凝土硬化时的温度及养护条件等。及时拆模可以提高模板的周转率；拆模过早会因混凝土的强度不足，在自重或外力作用大时产生变形甚至裂缝，造成质量事故。因此，合理地拆除模板对提高施工的技术经济效果至关重要。

1. 拆模的要求

对于现浇混凝土结构工程施工时，模板和支架拆除应符合下列规定：

第一，侧模，在混凝土强度能保护其表面及棱角不因拆除模板而受损坏后，方可拆除。

第二，底模，混凝土强度符合表 4-4 的规定，方可拆除。

表 4-4　现浇结构拆模时所需混凝土强度

结构类型	结构跨度 /m	按设计的混凝土强度标准值的百分率计 /%
板	≤ 2	50
	> 2，≤ 8	75
	> 8	100
梁、拱、壳	≤ 8	75
	> 8	100
悬臂构件	≤ 2	75
	> 2	100

注："设计的混凝土强度标准值"是指与设计混凝土等级相应的混凝土立方抗压强度标准值。

对预制构件模板拆除时的混凝土强度，应符合设计要求；当设计无具体要求时，应符合下列规定：

第一，侧模，在混凝土强度能保证构件不变形、棱角完整时，才允许拆除侧模。

第二，芯模或预留孔洞的内模，在混凝土强度能保证构件和孔洞表面不发生坍陷和裂缝后，方可拆除。

第三，底模，当构件跨度不大于 4m 时，在混凝土强度符合设计的混凝土强度标准值的 50% 的要求后，方可拆除；当构件跨度大于 4m 时，在混凝土强度符合设计的混凝土强度标准值的 75% 的要求后，方可拆模。"设计的混凝土强度标准值"是指与设计混凝土等级相应的混凝土立方抗压强度标准值。

已拆除模板及其支架后的结构，只有当混凝土强度符合设计混凝土强度等级的要求时，才允许承受全部荷载；当施工荷载产生的效应比使用荷载的效应更为不利时，对结构必须经过核算，能保证其安全可靠性或经加设临时支撑加固处理后，才允许继续施工。拆除后的模板应进行清理、涂刷隔离剂，分类堆放，以便使用。

2. 拆模的顺序

一般是先支后拆，后支先拆，先拆除侧模板，后拆除底模板。对于肋形楼板的拆模顺序，首先拆除柱模板，然后拆除楼板底模板、梁侧模板，最后拆除梁底模板。

多层楼板模板支架的拆除，应按下列要求进行：

上层楼板正在浇筑混凝土时，下一层楼板的模板支架不得拆除，再下一层楼板模板的支架仅可拆除一部分。

跨度 ≥ 4m 的梁均应保留支架，其间距不得大于 3m。

3. 拆模的注意事项

①模板拆除时，不应对楼层形成冲击荷载。

②拆除的模板和支架宜分散堆放并及时清运。

③拆模时，应尽量避免混凝土表面或模板受到损坏。

④拆下的模板，应及时加以清理、修理，按尺寸和种类分别堆放，以便下次使用。

⑤若定型组合钢模板背面油漆脱落，应补刷防锈漆。

⑥已拆除模板及支架的结构，应在混凝土达到设计的混凝土强度标准后，才允许承受全部使用荷载。

⑦当承受施工荷载所产生的效应比使用荷载产生的效应更为不利时，必须经过核算，并加设临时支撑。

第二节　钢筋工程

一、钢筋的分类

钢筋混凝土结构所用的钢筋按生产工艺分为：热轧钢筋、冷拉钢筋、冷拔钢筋、冷轧钢筋、热处理钢筋、碳素钢丝、刻痕钢丝和钢绞线等；按轧制外形分为：光圆钢筋和变形钢筋（月牙形、螺旋形、人字形钢筋）；按钢筋直径大小分为：钢丝（直径 3～5mm）、细钢筋（直径 6～10mm）、中粗钢筋（直径 12～20mm）和粗钢筋（直径大于 20mm）。

钢筋出厂应附有出厂合格证明书或技术性能及试验报告证书。

钢筋运至现场在使用前，需要经过加工处理。钢筋的加工处理主要工序有冷拉、冷拔、除锈、调直、下料、剪切、绑扎及焊（连）接等。

二、钢筋的验收和存放

钢筋混凝土结构和预应力混凝土结构的钢筋应按下列规定选用：

普通钢筋即用于钢筋混凝土结构中的钢筋及预应力混凝土结构中的非预应力钢筋，宜采用 HRB400 和 HRB335，也可采用 HPB235 和 RRB400 钢筋；预应力钢筋宜采用预应力钢绞线、钢丝，也可采用热处理钢筋。钢筋混凝土工程中所用的钢筋均应进行现场检查验收，合格后方能入库存放、待用。

（一）钢筋的验收

钢筋进场时，应按现行国家标准《钢筋混凝土用热轧带肋钢筋》等的规定抽取试件做力学性能检验，其质量必须符合有关标准的规定。

验收内容：查对标牌，检查外观，并按有关标准的规定抽取试样进行力学性能试验。

钢筋的外观检查包括：钢筋应平直、无损伤，表面不得有裂纹、油污、颗粒状或片状锈蚀。钢筋表面凸块不允许超过螺纹的高度；钢筋的外形尺寸应符合有关规定。

做力学性能试验时，从每批中任意抽出两根钢筋，每根钢筋上取两个试样分别进行拉力试验（测定其屈服点、抗拉强度、伸长率）和冷弯试验。

（二）钢筋的存放

钢筋运至现场后，必须严格按批分等级、牌号、直径、长度等挂牌存放，并注明数量，不得混淆。

应堆放整齐，避免锈蚀和污染，堆放钢筋的下面要加垫木，离地一定距离，一般为20cm；有条件时，尽量堆入仓库或料棚内。

三、钢筋的冷拉和冷拔

（一）钢筋的冷拉

钢筋冷拉：在常温下对钢筋进行强力拉伸，以超过钢筋的屈服强度的拉应力，使钢筋产生塑性变形，达到调直钢筋、提高强度的目的。

1.冷拉原理

冷拉后钢筋有内应力存在，内应力会促进钢筋内的晶体组织调整，使屈服强度进一步提高。该晶体组织调整过程称为"时效"。

2. 冷拉控制

钢筋冷拉控制可以用控制冷拉应力或冷拉率的方法。冷拉后检查钢筋的冷拉率,如超过表中规定的数值,则应进行钢筋力学性能试验。用作预应力混凝土结构的预应力筋,宜采用冷拉应力来控制。

对同炉批钢筋,试件不宜少于 4 个,每个试件都按规定的冷拉应力值在万能试验机上测定相应的冷拉率,取平均值作为该炉批钢筋的实际冷拉率。

不同炉批的钢筋,不宜用控制冷拉率的方法进行钢筋冷拉。

3. 冷拉设备

冷拉设备由拉力设备、承力结构、测量设备和钢筋夹具等部分组成。

(二)钢筋的冷拔

钢筋冷拔是用强力将直径 6 ~ 8mm 的 I 级光圆钢筋在常温下通过特制的钨合金拔丝模,多次拉拔成比原钢筋直径小的钢丝,使钢筋产生塑性变形。

钢筋经过冷拔后,横向压缩、纵向拉伸,钢筋内部晶格产生滑移,抗拉强度标准值可提高 50% ~ 90%,但塑性降低、硬度提高。这种经冷拔加工的钢筋称为冷拔低碳钢丝。冷拔低碳钢丝分为甲、乙级,甲级钢丝主要用作预应力混凝土构件的预应力筋,乙级钢丝用于焊接网和焊接骨架、架立筋、箍筋和构造钢筋。

1. 冷拔工艺

钢筋冷拔工艺过程为:轧头—剥壳—通过润滑剂—进入拔丝模。轧头在钢筋轧头机上进行,将钢筋端轧细,以便通过拔丝模孔。剥壳是通过 3 ~ 6 个上下排列的辊子,除去钢筋表面坚硬的氧化铁渣壳。润滑剂常用石灰、动植物油肥皂、白蜡和水按比例制成。

2. 影响冷拔质量的因素

影响冷拔质量的主要因素为原材料质量和冷拔点总压缩率。

为保证冷拔钢丝的质量,甲级钢丝采用符合 I 级热轧钢筋标准的圆盘条拔制。冷拔总压缩率(β)是指由盘条拔至成品钢丝的横截面缩减率,可按下式计算:

$$\beta = \frac{d_0^2 - d^2}{d_0^2} \times 100\%$$

(4-1)

式中:β ——总压缩率;

d_0 ——原盘条钢筋直径(mm);

d ——成品钢丝直径(mm)。

总压缩率越大,则抗拉强度提高越多,但塑性降低也越多,因此,必须控制总压缩率。

四、钢筋配料

钢筋配料就是根据配筋图计算构件各钢筋的下料长度、根数及质量,编制钢筋配料单,作为备料、加工和结算的依据。

(一) 钢筋配料单的编制

第一,熟悉图纸。编制钢筋配料单之前必须熟悉图纸,把结构施工图中钢筋的品种、规格列成钢筋明细表,并读出钢筋设计尺寸。

第二,计算钢筋的下料长度。

第三,填写和编写钢筋配料单。根据钢筋下料长度,汇总编制钢筋配料单。在配料单中,要反映出工程名称,钢筋编号,钢筋简图和尺寸,钢筋直径、数量、下料长度、质量等。

第四,填写钢筋料牌。根据钢筋配料单,将每一编号的钢筋制作一块料牌,作为钢筋加工的依据。

(二) 钢筋下料长度的计算原则及规定

1. 钢筋长度

钢筋下料长度与钢筋图中的尺寸是不同的。钢筋图中注明的尺寸是钢筋的外包尺寸,外包尺寸大于轴线长度,但钢筋经弯曲成型后,其轴线长度并无变化,因此钢筋应按轴线长度下料,否则,钢筋长度大于要求长度,将导致保护层不够,或钢筋尺寸大于模板净空,既影响施工,又造成浪费。在直线段,钢筋的外包尺寸与轴线长度并无差别;在弯曲处,钢筋外包尺寸与轴线长度间存在一个差值,称为量度差。故钢筋下料长度应为各段外包尺寸之和减去量度差,再加上端部弯钩尺寸(称末端弯钩增长值)。

2. 混凝土保护层厚度

混凝土保护层是指受力钢筋外缘至混凝土构件表面的距离,其作用是保护钢筋在混凝土结构中不受锈蚀。无设计要求时应符合表 4-5 规定。

表 4-5　纵向受力钢筋的混凝土保护层最小厚度 /mm

环境类别		板、墙、壳			梁			柱		
		≤ C20	C25 ~ C45	≥ C50	≤ C20	C25 ~ C45	≥ C50	≤ C20	C25 ~ C45	≥ C50
一		20	15	15	30	25	25	30	30	30
二	a	—	20	20	—	30	30	—	30	30
	b	—	25	20	—	35	30	—	35	30
三		—	30	25	—	40	35	—	40	35

混凝土的保护层厚度，一般用水泥砂浆垫块或塑料卡垫在钢筋与模板之间来控制。塑料卡的形状有塑料垫块和塑料环圈两种。塑料垫块用于水平构件，塑料环圈用于垂直构件。

综上所述，钢筋下料长度计算总结为：

直钢筋下料长度 = 直构件长度 − 保护层厚度 + 弯钩增加长度

弯起钢筋下料长度 = 直段长度 + 斜段长度 − 弯折量度差值 + 弯钩增加长度

箍筋下料长度 = 直段长度 + 弯钩增加长度 − 弯折量度差值

或箍筋下料长度 = 箍筋周长 + 箍筋调整值

（三）钢筋下料计算注意事项

第一，在设计图纸中，钢筋配置的细节问题没有注明时，一般按构造要求处理。

第二，配料计算时，要考虑钢筋的形状和尺寸，在满足设计要求的前提下，要有利于加工。

第三，配料时，还要考虑施工需要的附加钢筋。

五、钢筋代换

（一）代换原则及方法

当施工中遇到钢筋品种或规格与设计要求不符时，可参照以下原则进行钢筋代换。

1. 等强度代换方法

当构件配筋受强度控制时，可按代换前后强度相等的原则代换，称作"等强度代换"。

如所用的钢筋设计强度为 f_{y1}，钢筋总面积为 A_{s1}；代换后的钢筋设计强度为 f_{y2}，钢筋总面积为 A_{s2}，则应使：

$$A_{s1} \leqslant A_{s2} \qquad (4-2)$$

则：

$$n_2 \geqslant n_1 \cdot \frac{d_1^2}{d_2^2} \qquad (4-3)$$

$$A_{s1} \cdot f_{y1} \leqslant A_{s2} \cdot f_{y2} \qquad (4-4)$$

2. 等面积代换方法

当构件按最小配筋率配筋时，可按代换前后面积相等的原则进行代换，称作"等面积代换"。代换时应满足下式要求：

$$n_2 \geqslant \frac{n_1 d_1^2 f_{y1}}{d_2^2 f_{y2}} \qquad (4-5)$$

3.裂缝宽度或挠度验算

当构件配筋受裂缝宽度或挠度控制时，代换后应进行裂缝宽度或挠度验算。

（二）代换注意事项

钢筋代换时，应办理设计变更文件，并应符合下列规定：

第一，重要受力构件（如吊车梁、薄腹梁、桁架下弦等）不宜用 HPB300 钢筋代换变形钢筋，以免裂缝开展过大。

第二，钢筋代换后，应满足混凝土结构设计规范中所规定的钢筋间距、锚固长度、最小钢筋直径、根数等配筋构造要求。

第三，梁的纵向受力钢筋与弯起钢筋应分别代换，以保证正截面与斜截面强度。

第四，有抗震要求的梁、柱和框架，不宜以强度等级较高的钢筋代换原设计中的钢筋；如必须代换时，其代换的钢筋检验所得的实际强度，尚应符合抗震钢筋的要求。

第五，预制构件的吊环，必须采用未经冷拉的 HPB300 钢筋制作，严禁以其他钢筋代换。

第六，当构件受裂缝宽度或挠度控制时，钢筋代换后应进行刚度、裂缝验算。

六、钢筋的绑扎与机械连接

钢筋的连接方式可分为两类：绑扎连接、焊接或机械连接。

纵向受力钢筋的连接方式应符合设计要求。

机械连接接头和焊接连接接头的类型及质量应符合国家现行标准的规定。

（一）钢筋绑扎连接

钢筋绑扎安装前，应先熟悉施工图纸，核对钢筋配料单和料牌，研究钢筋安装和与有关工种配合的顺序，准备绑扎用的铁丝、绑扎工具、绑扎架等。钢筋绑扎一般用 18～22 号铁丝，其中 22 号铁丝只用于绑扎直径 12mm 以下的钢筋。

1.钢筋绑扎要求

钢筋的交叉点应用铁丝扎牢。柱、梁的箍筋，除设计有特殊要求外，应与受力钢筋垂直；箍筋弯钩叠合处，应沿受力钢筋方向错开设置。柱中竖向钢筋搭接时，角部钢筋的弯钩平面与模板面的夹角，矩形柱应为 45°，多边形柱应为模板内角的平分角。

板、次梁与主梁交叉处，板的钢筋在上，次梁的钢筋居中，主梁的钢筋在下；当有圈梁或垫梁时，主梁的钢筋应放在圈梁上。主筋两端的搁置长度应保持均匀一致。

2.钢筋绑扎接头

同一构件中相邻纵向受力钢筋的绑扎搭接接头宜相互错开。

（二）钢筋机械连接

1. 套筒挤压连接

套筒挤压连接是把两根待接钢筋的端头先插入一个优质钢套管，然后用挤压机在侧向加压数道，套筒塑性变形后即与带肋钢筋紧密咬合达到连接的目的。

2. 锥螺纹连接

锥螺纹连接是用锥形纹套筒将两根钢筋端头对接在一起，利用螺纹的机械咬合力传递拉力或压力。所用的设备主要是套丝机，通常安放在现场对钢筋端头进行套丝。

3. 直螺纹连接

直螺纹连接是近年来开发的一种新的螺纹连接方式。它先把钢筋端部镦粗，然后再切削直螺纹，最后用套筒实行钢筋对接。

（1）等强直螺纹接头的制作工艺及其优点

等强直螺纹接头制作工艺分下列几个步骤：钢筋端部镦粗；切削直螺纹；用连接套筒对接钢筋。

直螺纹接头的优点：强度高、接头强度不受扭紧力矩影响、连接速度快、应用范围广、经济、便于管理。

（2）接头性能

为充分发挥钢筋母材强度，连接套筒的设计强度大于等于钢筋抗拉强度标准值的1.2倍，直螺纹接头标准套筒的规格、尺寸见表4-6。

表4-6　标准型套筒规格、尺寸

钢筋直径 /mm	套筒外径 /mm	套筒长度 /mm	螺纹规格 /mm
20	32	40	M24×2.5
22	34	44	M25×2.5
25	39	50	M29×3.0
28	43	56	M32×3.0
32	49	64	M36×3.0
36	55	72	M40×3.5
40	61	80	M45×3.5

（3）接头类型

根据不同应用场合，接头可分为表4-7所示的六种类型。

表 4-7 直螺纹接头类型及使用场合

序号	形式	使用场合
1	标准型	正常情况下连接钢筋
2	加长型	用于转动钢筋困难的场合,通过转动套筒连接钢筋
3	扩口型	用于钢筋较难对中的场合
4	异径型	用于连接不同直径的钢筋
5	正反丝扣型	用于两端钢筋均不能转动而要求调节轴向长度的场合
6	加锁母型	用于钢筋完全不能转动,通过转动套筒连接钢筋,用锁母锁定套筒

4.钢筋机械连接接头质量检查与验收

工程中应用钢筋机械连接时,应由该技术提供单位提交有效的检验报告。

钢筋连接工程开始前及施工过程中,应对每批进场钢筋进行接头工艺检验,工艺检验应符合设计图纸或规范要求。现场检验应进行外观质量检查和单向拉伸试验。接头的现场检验按验收批进行。对接头的每一验收批,必须在工程结构中随机截取 3 个试件做单向拉伸试验,按设计要求的接头性能等级进行检验与评定。在现场连续检验 10 个验收批。外观质量检验的质量要求、抽样数量、检验方法及合格标准由各类型接头的技术规程确定。

第三节 混凝土工程

混凝土工程包括配料、搅拌、运输、浇筑、振捣和养护等工序。各施工工序对混凝土工程质量都有很大的影响。因此,要使混凝土工程施工能保证结构具有设计的外形和尺寸,确保混凝土结构的强度、刚度、密实性、整体性及满足设计和施工的特殊要求,必须严格保证混凝土工程每道工序的施工质量。

一、混凝土的原料

水泥进场时应对品种、级别、包装或散装仓号、出厂日期等进行检查。

当使用中对水泥质量有怀疑或水泥出厂超过 3 个月(快硬硅酸盐水泥超过 1 个月)时,应进行复验,并依据复验结果使用。

钢筋混凝土结构、预应力混凝土结构中,严禁使用含氯化物的水泥。

混凝土原材料每盘称量的偏差应符合表 4-8 的规定。

表 4-8　原材料每盘称量的允许偏差

材料名称	允许偏差
水泥、掺和料	±2%
粗、细骨料	±3%
水、外加剂	±2%

二、混凝土的施工配料

根据混凝土强度等级、耐久性和工作性等要求进行配合比设计。

施工配料时影响混凝土质量的因素主要有两方面：一是称量不准；二是未按砂、石骨料实际含水率的变化进行施工配合比的换算。

混凝土的配合比是在实验室根据混凝土的施工配制强度经过试配和调整而确定的，称为实验室配合比。

实验室配合比所用的砂、石都是不含水分的。而施工现场的砂、石一般都含有一定的水分，且砂、石含水率的大小随当地气候条件不断发生变化。因此，为保证混凝土配合比的质量，在施工中应适当扣除使用砂、石的含水量，经调整后的配合比，称为施工配合比。

混凝土配合比时，混凝土的最大水泥用量不宜大于 $550kg/m^3$，且应保证混凝土的最大水灰比和最小水泥用量应符合表的规定。

配制泵送混凝土的配合比时，骨料最大粒径与输送管内径之比，对碎石不宜大于 1∶3，卵石不宜大于 1∶2.5，通过 0.315mm 筛孔的砂不应少于 15%；砂率宜控制在 40%～50%；最小水泥用量宜为 $300kg/m^3$；混凝土的坍落度宜为 80～180mm；混凝土内宜掺加适量的外加剂。泵送轻骨料混凝土的原材料选用及配合比，应由试验确定。

混凝土浇筑时的坍落度，宜按表 4-9 选用。坍落度测定方法应符合国家现行标准的规定。

表 4-9　混凝土浇筑时的坍落度

结构种类	坍落度 /mm
基础或地面垫层、无配筋的大体积结构（挡土墙、基础等）或配筋稀疏的结构	10～30
板、梁和大型及中型截面的柱等	30～50
配筋密列的结构（薄壁、斗仓、筒仓、细柱等）	50～70
配筋特密的结构	70～90

注：①本表系用机械振捣混凝土时的坍落度，当采用人工捣实混凝土时，其值可适当增大。

②当需要配制大坍落度混凝土时，应掺用外加剂。

③曲面或斜面结构混凝土的坍落度应根据实际需要另行选定。

④轻骨料混凝土的坍落度，宜比表中数值减少 10～20mm。

三、混凝土的搅拌

混凝土搅拌是将水、水泥和粗、细骨料进行均匀拌和及混合的过程。同时，通过搅拌还要使材料达到强化、塑化的作用。混凝土可采用机构搅拌和人工搅拌。搅拌机械分为自落式搅拌机和强制式搅拌机。

（一）混凝土搅拌机

混凝土搅拌机按搅拌原理分为自落式和强制式两类。

自落式搅拌机多用于搅拌塑性混凝土和低流动性混凝土，根据其构造的不同又分为若干种。

强制式搅拌机多用于搅拌干硬性混凝土和轻骨料混凝土，也可以搅拌低流动性混凝土。强制式搅拌机又分为立轴式和卧轴式两种。卧轴式有单轴、双轴之分，而立轴式又分为涡桨式和行星式。

（二）混凝土搅拌

1. 搅拌时间

混凝土的搅拌时间：从砂、石、水泥和水等全部材料投入搅拌筒起，到开始卸料为止所经历的时间。

搅拌时间与混凝土的搅拌质量密切相关，随搅拌机类型和混凝土的和易性不同而变化。在一定范围内，随搅拌时间的延长，强度有所提高，但过长时间的搅拌既不经济，而且混凝土的和易性又将降低，影响混凝土的质量。

加气混凝土还会因搅拌时间过长而使含气量下降。

2. 投料顺序

投料顺序应从提高搅拌质量，减少叶片、衬板的磨损，减少拌和物与搅拌筒的黏结，减少水泥飞扬，改善工作环境，提高混凝土强度及节约水泥等方面综合考虑确定。常用一次投料法和二次投料法。

（1）一次投料法

一次投料法是在上料斗中先装石子，再加水泥和砂，然后一次投入搅拌筒中进行搅拌。

自落式搅拌机要在搅拌筒内先加部分水，投料时砂压住水泥，使水泥不飞扬，而且水泥和砂先进搅拌筒形成水泥砂浆，可缩短水泥包裹石子的时间。

强制式搅拌机出料口在下部，不能先加水，应在投入原材料的同时，缓慢、均匀、分散地加水。

（2）二次投料法

二次投料法是先向搅拌机内投入水和水泥（和砂），待其搅拌 1min 后再投入石子和砂继续搅拌到规定时间。这种投料方法，能改善混凝土性能，提高了混凝土的强度，在保证规定的混凝土强度的前提下节约了水泥。

目前常用的方法有两种：预拌水泥砂浆法和预拌水泥净浆法。

预拌水泥砂浆法是指先将水泥、砂和水加入搅拌筒内进行充分搅拌，成为均匀的水泥砂浆后，再加入石子搅拌成均匀的混凝土。

预拌水泥净浆法是先将水泥和水充分搅拌成均匀的水泥净浆后，再加入砂和石子搅拌成混凝土。

与一次投料法相比，二次投料法可使混凝土强度提高 10%～15%，节约水泥 15%～20%。水泥裹砂石法混凝土搅拌工艺，用这种方法拌制的混凝土称为造壳混凝土（简称 SEC 混凝土）。

它是分两次加水，两次搅拌。

先将全部砂、石子和部分水倒入搅拌机拌和，使骨料湿润，称为造壳搅拌。

搅拌时间以 45～75s 为宜，再倒入全部水泥搅拌 20s，加入拌和水和外加剂进行第二次搅拌，60s 左右完成，这种搅拌工艺称为水泥裹砂法。

3. 进料容量

进料容量是将搅拌前各种材料的体积累积起来的容量，又称干料容量。

进料容量与搅拌机搅拌筒的几何容量有一定比例关系。进料容量约为出料容量的 1.4～1.8 倍（通常取 1.5 倍），如任意超载（超载 10%），就会使材料在搅拌筒内无充分的空间进行拌和，影响混凝土的和易性。反之，装料过少，又不能充分发挥搅拌机的效能。

四、混凝土的运输

（一）混凝土运输的要求

运输中的全部时间不应超过混凝土的初凝时间。

运输中应保持匀质性，不应产生分层离析现象，不应漏浆；运至浇筑地点应具有规定的坍落度，并保证混凝土在初凝前能有充分的时间进行浇筑。

混凝土的运输道路要求平坦，应以最少的运转次数、最短的时间从搅拌地点运至浇筑地点。

从搅拌机中卸出后到浇筑完毕的延续时间不宜超过表 4-10 的规定。

表 4-10　混凝土从搅拌机中卸出后到浇筑完毕的延续时间

混凝土强度等级	延续时间 /min	
	气温 < 25℃	气温 ≥ 25℃
低于及等于 C30	120	90
高于 C30	90	60

注：①掺用外加剂或采用快硬水泥拌制混凝土时，应按试验确定。

②轻骨料混凝土的运输、浇筑延续时间应适当缩短。

（二）运输工具的选择

混凝土运输分地面水平运输、垂直运输和楼面水平运输三种。

地面运输时，短距离多用双轮手推车、机动翻斗车，长距离宜用自卸汽车、混凝土搅拌运输车。

垂直运输可采用各种井架、龙门架和塔式起重机作为垂直运输工具。对于浇筑量大、浇筑速度比较稳定的大型设备基础和高层建筑，宜采用混凝土泵，也可采用自升式塔式起重机或爬升式塔式起重机运输。

（三）泵送混凝土

混凝土用混凝土泵运输，通常称为泵送混凝土。常用的混凝土泵有液压柱塞泵和挤压泵两种。

1. 液压柱塞泵

液压柱塞泵是利用柱塞的往复运动将混凝土吸入和排出。

混凝土输送管有直管、弯管、锥形管和浇筑软管等，一般由合金钢、橡胶、塑料等材料制成，常用混凝土输送管的管径为 100 ～ 150mm。

2. 泵送混凝土对原材料的要求

（1）粗骨料

碎石最大粒径与输送管内径之比不宜大于 1 ∶ 3，卵石不宜大于 1 ∶ 2.5。

（2）砂

以天然砂为宜，砂率宜控制在 40% ～ 50%，通过 0.315mm 筛孔的砂不少于 15%。

（3）水泥

最少水泥用量为 300kg/m³，坍落度宜为 80 ～ 180mm，混凝土内宜适量掺入外加剂。泵送轻骨料混凝土的原材料选用及配合比，应通过试验确定。

（四）泵送混凝土施工中应注意的问题

输送管的布置宜短直，尽量减少弯管数，转弯宜缓，管段接头要严密，少用锥形管。

混凝土的供料应保证混凝土泵能连续工作，不间断；正确选择骨料级配，严格控制配合比。

泵送前，为减少泵送阻力，应先用适量与混凝土内成分相同的水泥浆或水泥砂浆润滑输送管内壁。

泵送过程中，泵的受料斗内应充满混凝土，防止吸入空气形成阻塞。

防止停歇时间过长，若停歇时间超过 45min，应立即用压力或其他方法冲洗管内残留的混凝土；泵送结束后，要及时清洗泵体和管道；用混凝土泵浇筑的建筑物，要加强养护，防止龟裂。

五、混凝土的浇筑与振捣

（一）混凝土浇筑前的准备工作

混凝土浇筑前，应对模板、钢筋、支架和预埋件进行检查。检查模板的位置、标高、尺寸、强度和刚度是否符合要求，接缝是否严密，预埋件位置和数量是否符合图纸要求。

检查钢筋的规格、数量、位置、接头和保护层厚度是否正确；清理模板上的垃圾和钢筋上的油污，浇水湿润木模板；填写隐蔽工程记录。

（二）混凝土的浇筑

1. 混凝土浇筑的一般规定

混凝土浇筑前不应发生离析或初凝现象，如已发生，须重新搅拌。混凝土运至现场后，其坍落度应满足表 4-11 的要求。

表 4-11 混凝土浇筑时的坍落度

结构种类	坍落度 /mm
基础或地面的垫层、无配筋的大体积结构（挡土墙、基础等）或配筋稀疏的结构	10～30
板、梁和大型及中型截面的柱子等	30～50
配筋密列的结构（薄壁、斗仓、筒仓、细柱等）	50～70
配筋特密的结构	70～90

混凝土自高处倾落时，其自由倾落高度不宜超过 2m；若混凝土自由下落高度超过 2m，应设串筒、斜槽、溜管或振动溜管等。

混凝土的浇筑工作，应尽可能连续进行。混凝土的浇筑应分段、分层连续进行，随浇随捣。

2. 施工缝的留设与处理

如果由于技术或施工组织上的原因，不能对混凝土结构一次连续浇筑完毕，而必须停歇较长的时间，其停歇时间已超过混凝土的初凝时间，致使混凝土已初凝；当继续浇混凝土时，形成了接缝，即为施工缝。

（1）施工缝的留设位置

施工缝设置的原则，一般宜留在结构受力（剪力）较小且便于施工的部位。

柱子的施工缝宜留在基础与柱子交接处的水平面上，或梁的下面，或吊车梁牛腿的下面、吊车梁的上面、无梁楼盖柱帽的下面。

高度大于 1m 的钢筋混凝土梁的水平施工缝，应留在楼板底面下 $20 \sim 30mm$ 处，当板下有梁托时，留在梁托下部；单向平板的施工缝，可留在平行于短边的任何位置处；对于有主次梁的楼板结构，宜顺着次梁方向浇筑，施工缝应留在次梁跨度的中间 1/3 范围内。

（2）施工缝的处理

施工缝处继续浇筑混凝土时，应待混凝土的抗压强度不小于 1.2MPa 方可进行。

施工缝浇筑混凝土之前，应除去施工缝表面的水泥薄膜、松动石子和软弱的混凝土层，并加以充分湿润和冲洗干净，不得有积水。

浇筑时，施工缝处宜先铺水泥浆（水泥：水 =1：0.4），或与混凝土成分相同的水泥砂浆一层，厚度为 $30 \sim 50mm$，以保证接缝的质量。浇筑过程中，施工缝应细致捣实，使其紧密结合。

3. 混凝土的浇筑方法

（1）多层钢筋混凝土框架结构的浇筑

浇筑框架结构首先要划分施工层和施工段，施工层一般按结构层划分，而每一施工层的施工段划分，则要考虑工序数量、技术要求、结构特点等。

混凝土的浇筑顺序：先浇捣柱子，在柱子浇捣完毕后，停歇 $1 \sim 1.5h$，使混凝土达到一定强度后，再浇捣梁和板。

（2）大体积钢筋混凝土结构的浇筑

大体积钢筋混凝土结构多为工业建筑中的设备基础及高层建筑中厚大的桩基承台或基础底板等。

特点是混凝土浇筑面和浇筑量大，整体性要求高，不能留施工缝，以及浇筑后水泥的水化热量大且聚集在构件内部，形成较大的内外温差，易造成混凝土表面产生收缩裂缝等。

为保证混凝土浇筑工作连续进行，不留施工缝，应在下一层混凝土初凝之前，将上一层混凝土浇筑完毕。要求混凝土按不小于下述的浇筑量进行浇筑：

$$Q = \frac{FH}{T} \qquad \text{(4-6)}$$

式中：Q——混凝土最小浇筑量（m³/h）；

F——混凝土浇筑区的面积（m³）；

H——浇筑层厚度（m）；

T——下层混凝土从开始浇筑到初凝所容许的时间间隔（h）。

大体积钢筋混凝土结构的浇筑方案，一般分为全面分层、分段分层和斜面分层三种。

全面分层：在第一层浇筑完毕后，再回头浇筑第二层，如此逐层浇筑，直至完工为止。

分段分层：混凝土从底层开始浇筑，进行 2 ～ 3m 后再回头浇第二层，同样依次浇筑各层。

斜面分层：要求斜坡坡度不大于 1/3，适用于结构长度大大超过厚度 3 倍的情况。

（三）混凝土的振捣

振捣方式分为人工振捣和机械振捣两种。

1. 人工振捣

利用捣锤或插钎等工具的冲击力来使混凝土密实成型，其效率低、效果差。

2. 机械振捣

将振动器的振动力传给混凝土，使之发生强迫振动而密实成型，其效率高、质量好。混凝土振动机械按其工作方式分为内部振动器、表面振动器、外部振动器和振动台等，振动器因离心力的作用而振动。

（1）内部振动器

内部振动器又称插入式振动器，适用于振捣梁、柱、墙等构件和大体积混凝土。

插入式振动器操作要点：

插入式振动器的振捣方法有两种：一是垂直振捣，即振动棒与混凝土表面垂直；二是斜向振捣，即振动棒与混凝土表面成 40° ～ 45°。

振捣器的操作要做到快插慢拔，插点要均匀，逐点移动、顺序进行、不得遗漏，达到均匀振实。振动棒的移动，可采用行列式或交错式。

混凝土分层浇筑时，应将振动棒上下来回抽动 50 ～ 100mm；同时，还应将振动棒深入下层混凝土中 50mm 左右。

使用振动器时，每一振捣点的振捣时间一般为 20 ～ 30s。不允许将其支承在结构钢筋上或碰撞钢筋，不宜紧靠模板振捣。

（2）表面振动器

表面振动器又称平板振动器，是将电动机轴上装有左右两个偏心块的振动器固定在一块平板上而成。其振动作用可直接传递于混凝土面层上。

这种振动器适用于振捣楼板、空心板、地面和薄壳等薄壁结构。

（3）外部振动器

外部振动器又称附着式振动器，它是直接安装在模板上进行振捣，利用偏心块旋转时产生的振动力通过模板传给混凝土，达到振实的目的。

适用于振捣断面较小或钢筋较密的柱子、梁、板等构件。

（4）振动台

振动台一般在预制厂用于振实干硬性混凝土和轻骨料混凝土。

宜采用加压振动的方法，加压力为 $1 \sim 3kN/m^2$。

六、混凝土的养护

混凝土的凝结硬化是水泥水化作用的结果，而水泥水化作用必须在适当的温度和湿度条件下才能进行。混凝土的养护，就是使混凝土具有一定的温度和湿度，而逐渐硬化。混凝土养护分自然养护和人工养护。自然养护就是在常温（平均气温不低于5℃）下，用浇水或保水方法使混凝土在规定的期间内有适宜的温湿条件进行硬化。人工养护就是人工控制混凝土的温度和湿度，使混凝土强度增长，如蒸汽养护、热水养护、太阳能养护等，现浇结构多采用自然养护。

混凝土自然养护，是对已浇筑完毕的混凝土，应加以覆盖和浇水，并应符合下列规定：应在浇筑完毕后的12d以内对混凝土加以覆盖和浇水；混凝土浇水养护的时间，对采用硅酸盐水泥、普通硅酸盐水泥或矿渣硅酸盐水泥拌制的混凝土，不得少于7d，对掺用缓凝型外加剂或有抗渗性要求的混凝土，不得少于14d；浇水次数应能保持混凝土处于湿润状态；混凝土的养护用水应与拌制用水相同。

对不易浇水养护的高耸结构、大面积混凝土或缺水地区，可在已凝结的混凝土表面喷涂塑性溶液，等溶液挥发后，形成塑性膜，使混凝土与空气隔绝，阻止水分蒸发，以保证水化作用正常进行。

对地下建筑或基础，可在其表面涂刷沥青乳液，以防混凝土内水分蒸发。已浇筑的混凝土，强度达到 $1.2N/mm^2$ 后，方允许在其上往来人员，进行施工操作。

第五章　结构安装工程

第一节　起重机具

一、索具设备

（一）卷扬机

卷扬机又称绞车。按驱动方式可分手为动卷扬机和电动卷扬机。卷扬机是结构吊装最常用的工具。

用于结构吊装的卷扬机多为电动卷扬机。电动卷扬机主要由电动机、卷筒、电磁制动器和减速机构等组成。卷扬机分快速和慢速两种。快速电动卷扬机主要用于垂直运输和打桩作业；慢速电动卷扬机主要用于结构吊装、钢筋冷拉、预应力筋张拉等作业。

选用卷扬机的主要技术参数是卷筒牵引力、钢丝绳的速度和卷筒容绳量。

使用卷扬机时应当注意：

第一，为使钢丝绳能自动在卷筒上往复缠绕，卷扬机的安装位置应使距第一个导向滑轮的距离 l 为卷筒长度 a 的 15 倍，即当钢丝绳在卷筒边时，与卷筒中垂线的夹角不大于 $2°$。

第二，钢丝绳引入卷筒时应接近水平，并应从卷筒的下面引入，以减少卷扬机的倾覆力矩。

第三，卷扬机在使用时必须做可靠的固定，如做基础固定、压重物固定、设锚碇固定，或利用树木、构筑物等做固定。

（二）钢丝绳

钢丝绳是起重机械中用于悬吊、牵引或捆缚重物的挠性件。它是由许多根直径为 $0.4 \sim 2mm$、抗拉强度为 $1200 \sim 2200MPa$ 的钢丝按一定规则捻制而成。按照捻制方法不同，分为单绕、双绕和三绕，土木工程施工中常用的是双绕钢丝绳，它是由钢丝捻成股，再由多股围绕绳芯绕成绳。双绕钢丝绳按照捻制方向分为同向绕、交叉绕和混合绕三种。同向绕是钢丝捻成股的方向与股捻成绳的方向相同，这种绳的挠性好、表面光滑、磨损小，但易松散和扭转，不宜用来悬吊重物。交叉绕是指钢丝捻成股的方向与股捻成绳的方向相反，这种绳不易松散和扭转，宜做起吊绳，但挠性差。混合绕指相邻的两股钢丝绕向相反，性能介于两者之间，制造复杂，用得较少。

钢丝绳按每股钢丝数量的不同又可分为6×19钢丝绳、6×37钢丝绳和6×61钢丝绳三种。6×19钢丝绳在绳的直径相同的情况下，钢丝粗，比较耐磨，但较硬，不易弯曲，一般用作缆风绳；6×37钢丝绳比较柔软，可用作穿滑车组和吊索；6×61钢丝绳质地软，主要用于重型起重机械中。

钢丝绳在选用时应考虑多根钢丝的受力不均匀性及其用途，钢丝绳的允许拉力$\left[F_g\right]$按下式计算：

$$\left[F_g\right] = \frac{\alpha F_B}{K} \tag{5-1}$$

式中：F_g——钢丝绳的钢丝破断拉力总和，kN；

α——换算系数（考虑钢丝受力不均匀性）；

K——安全因数。

（三）锚碇

锚碇又叫地锚，是用来固定缆风绳和卷扬机的，它是保证系缆构件稳定的重要组成部分，一般有桩式锚碇和水平锚碇两种。桩式锚碇是用木桩或型钢打入土中而成。水平锚碇可承受较大荷载，分无板栅水平锚碇和有板栅水平锚碇两种。

水平锚碇的计算内容包括：在垂直分力作用下锚碇的稳定性，在水平分力作用下侧向土壤的强度，锚碇横梁计算。

1. 锚碇的稳定性计算

锚碇的稳定性按下式计算：

$$\frac{G+T}{N} \geqslant K \tag{5-2}$$

$$G = \frac{b+b'}{2}Hl\lambda \tag{5-3}$$

$$b' = b + H\tan\varphi_0 \tag{5-4}$$

式中：K——全系数，一般取2；

N——锚碇所受荷载的垂直分力，$N = S\sin\alpha$；

S——锚碇荷重；

G——土的重力；

l——横梁长度；

λ ——土的重度；

b ——横梁宽度；

b' ——有效压力区宽度（与土壤的内摩擦角有关）；

φ_0 ——土壤的内摩擦角（松土取 $15° \sim 20°$ ，一般土取 $20° \sim 30°$ ，坚硬土取 $30° \sim 40°$ ）；

H ——锚碇埋置深度；

T ——摩擦力， $T = fP$ ；

f ——摩擦因数（对无板栅锚碇取 0.5，对有板栅锚碇取 0.4）；

P ——S 的水平分力， $P = S\cos\alpha$ 。

2. 侧向土壤强度的计算

对于无板栅水平锚碇，有：

$$[\sigma]\eta \geqslant \frac{P}{hl} \tag{5-5}$$

对于有板栅水平锚碇，有：

$$[\sigma]\eta \geqslant \frac{P}{(h+h_1)l} \tag{5-6}$$

式中：$[\sigma]$ ——深度 H 处土的容许压应力；

η ——降低系数，可取 $0.5 \sim 0.7$ 。

3. 锚碇横梁计算

当使用一根吊索，横梁为圆形截面时，可按单向弯曲的构件计算；横梁为矩形截面时，按双向弯曲构件计算。

使用两根吊索的横梁，按双向偏心受压构件计算。

二、起重机类型

结构安装工程常用的起重机械有履带式起重机、汽车式起重机、轮胎式起重机、塔式起重机和桅杆式起重机等。

（一）履带式起重机

履带式起重机主要由行走机构、回转机构、机身及起重臂等部分组成。履带式起重机的特点是操纵灵活，机身可回转360°，可以负荷行驶，可在一般平整坚实的场地上行驶和吊装作业。目前广泛应用于装配式单层工业厂房的结构吊装中。但其缺点是稳定性较差，不宜超负荷吊装。

1. 履带式起重机技术性能

履带式起重机主要技术性能包括三个主要参数：起重量 Q、起重半径 R 和起重高度 H。这三个参数互相制约，其数值的变化取决于起重臂的长度及其仰角的大小。每一种型号的起重机都有几种臂长，如起重臂仰角不变，随着起重臂的增长，起重半径 R 和起重高度 H 增加，而起重量 Q 减小；如臂长不变，随着起重仰角的增大，起重量 Q 和起重高度 H 增大，而起重半径 R 减小。

2. 履带式起重机稳定性验算

起重机稳定性是指整个机身在起重作业时的稳定程度。起重机在正常条件下工作，一般可以保持机身稳定，但在超负荷吊装或由于施工需要接长起重臂时，须进行稳定性验算以保证在吊装作业中不发生倾覆事故。

履带式起重机的稳定性应以起重机处于最不利工作状态即稳定性最差时（机身与行驶方向垂直）进行验算，此时，应以履带中心 A 为倾覆中心验算起重机稳定性。

当考虑吊装荷载及附加荷载（风荷载、刹车惯性力和回转离心力等）时应满足下式要求：

$$K_1 = \frac{稳定力矩}{倾覆力矩} \geq 1.15 \tag{5-7}$$

当仅考虑吊装荷载时应满足下式要求：

$$K_2 = \frac{稳定力矩}{倾覆力矩} \geq 1.40 \tag{5-8}$$

式中：K_1，K_2——稳定性安全系数。

按 K_1 验算比较复杂，一般用 K_2 简化验算，可得：

$$K_2 = \frac{G_1 l_1 + G_2 l_2 + G_0 l_0 - G_3 d}{Q(R - l_2)} \geq 1.40 \tag{5-9}$$

式中：G_0——起重机平衡重；

G_1——起重机可转动部分的重力；

G_2——起重机机身不转动部分的重力；

G_3——起重臂重力（起重臂接长时为接长后的重力）；

l_0，l_1，l_2，d——以上各部分的重心至倾覆中心的距离。

（二）汽车式起重机

汽车式起重机是一种自行式、全回转、起重机构安装在通用或专用汽车底盘上的起重机。起重动力一般由汽车发动机供给，如装在专用汽车底盘上，则另备专用动力，与行驶动力分开，汽车式起重机行驶速度快、机动性能好、对路面破坏小。但吊装时必须使用支脚，因而不能负荷行驶，常用于构件运输的装卸工作和结构吊装工作。目前常用的汽车起重机有 Q 型（机械传动和操纵）、QY 型（全液压传动和伸缩式起重臂）、QD 型（多电机驱动各工作机械）。

汽车起重机吊装时，应先压实场地，放好支腿，将转台调平，并在支腿内侧垫好保险枕木，以防支腿失灵时发生倾覆，并应保证吊装的构件和就位点均在起重机的回转半径之内。

（三）轮胎起重机

轮胎起重机是一种自行式、全回转、起重机构安装在加重轮胎和轮轴组成的特制底盘上的起重机，其吊装机构和行走机械均由一台柴油发动机控制。一般吊装时都用 4 个腿支撑，否则起重量大大减小。轮胎起重机行驶时对路面破坏小，行驶速度比汽车起重机慢，但比履带起重机快。

目前国产常用的轮胎起重机有机械式（QL）、液压式（QLY）和电动式（QLD）。

（四）塔式起重机

塔式起重机为竖直塔身，起重臂安装在塔身的顶部并可回转 360°，形成 T 形的工作空间，具有较高的有效高度和较大的工作空间，在工业与民用建筑中均得到广泛的应用。目前正沿着轻型多用、快速安装、移动灵活等方向发展。

1. 塔式起重机的分类

（1）按有无行走机构分类

塔式起重机按有无行走机构可分为固定式和移动式两种。前者固定在地面上或建筑物上，后者按其行走装置又可分为履带式、汽车式、轮胎式和轨道式四种。

（2）按回转形式分类

塔式起重机按其回转形式可分为上回转和下回转两种。

（3）按变幅方式分类

塔式起重机按其变幅方式可分为水平臂架小车变幅和动臂变幅两种。

（4）按安装形式分类

塔式起重机按其安装形式可分为自升式、整体快速拆装式和拼装式三种。

2. 下回转快速拆装塔式起重机

下回转快速拆装塔式起重机都是 600kN·m 以下的中小型塔机。其特点是结构简单、重心低、运转灵活、伸缩塔身可自行架设、速度快、效率高、采用整体拖运、转移方便，适用于砖混、砌块结构和大板建筑的工业厂房、民用住宅的垂直运输作业。

3. 塔式起重机的爬升

塔式起重机的爬升是指安装在建筑物内部（电梯井或特设开间）结构上的塔式起重机，借助自身的爬升系统能自己进行爬升，一般每隔两层楼爬升一次。由于其体积小，不占施工用地，易于随建筑物升高，因此适于现场狭窄的高层建筑结构安装。

首先将起重小车收回至最小幅度，下降吊钩，使起重钢丝绳绕过回转支撑上支座的导向滑轮，用吊钩将套架提环吊住。

放松固定套架的地脚螺栓，将活动支腿收进套架梁内，提升套架至两层楼高度，摇出套架活动支腿，用底脚螺栓固定，松开吊钩。

松开底座地脚螺栓，收回活动支腿，开动爬升机构将起重机提升两层楼高度，摇出底座活动支脚，并用地脚螺栓固定。

4. 塔式起重机的自升

塔式起重机的自升是指借助塔式起重机的自升系统将塔身接长。塔式起重机的自升系统由顶升套架、长行程液压千斤顶、承座、顶升横梁、定位销等组成。

首先将标准节吊到摆渡小车上，将过渡节与塔身标准节相连的螺栓松开。

开动液压千斤顶，将塔顶及顶升套架顶升到超过一个标准节的高度，随即用定位销将顶升套架固定。

液压千斤顶回缩，将装有标准节的摆渡小车推到套架中间的空间。

用液压千斤顶稍微提起标准节，退出摆渡小车，将标准节落在塔身上并用螺栓加以联结。

拔出定位销，下降过渡节，使之与塔身连成整体。

5. 塔式起重机的附着

塔式起重机的附着是指为减小塔身计算长度，每隔20m左右将塔身与建筑物联结起来。塔式起重机的附着应按使用说明书的规定进行。

（五）桅杆式起重机

桅杆式起重机具有制作简单、就地取材、服务半径小、起重量大等特点，一般多用于安装工作量集中且构件又较重的工程。

常用的桅杆式起重机有独脚拔杆、人字拔杆、悬臂拔杆和牵缆式桅杆起重机四种。

1. 独脚拔杆

独脚拔杆是由起重滑轮组、卷扬机、缆风绳及锚碇等组成，起重时拔杆保持不大于10°的倾角。

独脚拔杆按制作材料可分为木独脚拔杆、钢管独脚拔杆和格构式独脚拔杆。

2.人字拔杆

人字拔杆是用两根圆木或钢管或格构式钢构件以钢丝绳绑扎或铁件铰接而成，两杆夹角不宜超过30°，起重时拔杆向前倾斜度不得超过1/10。其优点是侧向稳定性较好；缺点是构件起吊后活动范围小。

3.悬臂拔杆

在独脚拔杆的中部或2/3高度外，装上一根铰接的起重臂即成悬臂拔杆。起重臂可以左右回转和上下起伏，其特点是有较大的起重高度和起重半径，但起重量降低。

4.牵缆式桅杆起重机

在独脚拔杆的下端装上一根可以全回转和起伏的起重臂即成为牵缆式桅杆起重机，这种起重机具有较大的起重半径，起重量大且操作灵活。用无缝钢管制作的此种起重机，起重量可达10t，桅杆高度可达25m；用格构式钢构件制作的此种起重机起重量可达60t，起重高度可达80m以上。

第二节　单层工业厂房结构安装

单层工业厂房平面空间大、高度较高，构件类型少、数量多，有利于机械化施工。单层工业厂房的结构构件有柱、吊车梁、连系梁、屋架、天窗架、屋面板及支撑等。构件的吊装工艺：塑垫→吊升→对位→临时固定→校正→最后固定。构件吊装前必须做好各项准备工作，如构件运输、道路的修筑、场地清理，准备好供水、供电、电焊机等设备，还须备好吊装常用的各种索具、吊具和材料，对构件进行清理、检查、弹线编号及对基础杯口标高抄平等工作。

一、柱子的吊装

(一)基础的准备

柱基施工时，杯底标高一般比设计标高低（通常低5cm），柱子在吊装前需要对基础底标高进行一次调整。

此外，还要在基础杯口面上弹出建筑的纵、横定位轴线和柱的吊装准线，作为柱子对位和校正的依据。柱子应在柱身的3个面上弹出吊装准线。柱子的吊装准线应与基础面上所弹的吊装准线位置相重合。

（二）柱子的绑扎

柱子的绑扎方法与其形状、长度、截面、配筋部位、吊装方法和起重机性能有关。其最合理的绑扎点位置，应按柱子产生的正、负弯矩绝对值相等的原则来确定。自重13t以下的中小型柱绑扎一点，细长柱子或重型柱应绑扎两点，甚至三点。有牛腿的柱子一点绑扎的位置常选在牛腿以下，如上部柱子较长，也可绑扎在牛腿以上。工字形断面柱的绑扎点应选在矩形断面处，否则，应在绑扎位置用方木加固翼缘。双肢柱的绑扎点应选在平腹杆处。

根据柱子起吊后柱身是否垂直，可分为斜吊法和直吊法。常用的绑扎方法有斜吊绑扎法和直吊绑扎法。

1. 斜吊绑扎法

当柱子平放时柱的抗弯强度能满足要求，或起重臂长度不足时，可采用此法进行绑扎。此法特点是柱子在平卧状态下不须翻身直接绑扎起吊，柱子起吊后呈倾斜状态，就位对中较困难。

2. 直吊绑扎法

当柱子平放起吊的抗弯强度不足时，须将柱翻身，然后起吊。这种绑扎方法是由吊索从柱子两侧引出，上端通过卡环或滑轮挂在铁扁担上，再与横吊梁相连，起吊后柱与基础杯底垂直，容易对位。铁扁担高于柱顶，须用较长的起重臂。

此外，当柱子较重较长需要用两点起吊时，也可采用两点斜吊和直吊绑扎法。

（三）柱子的吊升方法

根据柱子在吊升过程中的特点，柱的吊升可分为旋转法和滑行法两种。对于重型柱还可采用双机抬吊的方法。

1. 旋转法

起重机边升钩边回转起重臂，使柱子绕柱脚旋转而呈直立状态，然后将其插入杯口。柱子在平面布置时，柱脚宜靠近基础，要做到绑扎点、柱脚中心与杯基础杯口中心三点共弧。该弧所在的中心即为起重机的回转中心，半径为圆心到绑扎点的距离。如条件限制不能布置，可采用绑扎点与杯口两点共弧或柱脚中心点与杯口中心点两点共弧布置。但在起吊过程中，须改变回转半径和起重臂仰角，工效低且安全度较差。旋转法吊升过程中对柱子振动小，生产效率较高，多用于中小型柱子的吊装。

2. 滑行法

滑行法吊升柱时，起重机只升钩，起重臂不转动，使柱脚沿地面滑行逐渐直立，然后插入杯口。采用此法吊装柱时,柱子的绑扎点应布置在杯口附近,并与杯口中心位于起重机的同一工作半径的圆弧上,以便将柱子吊离地面后稍转动吊臂即可就位。

滑行法的特点是柱的布置较灵活、起重半径小、起重臂不转动、操作简单。用于吊装较重、较长的柱子或起重机在安全荷载下的回转半径不够,现场较狭窄柱无法按旋转法排放布置;或采用桅杆式起重机吊装等情况。但滑行过程中柱受一定的震动,耗用一定的滑行材料。为了减少滑行时柱脚与地面间的摩阻力,需要在柱脚下设置托木、滚筒,并铺设滑行道。

3. 双机抬吊

当柱子的体形、质量较大,一台无法吊装时,可采用双机抬吊。其起吊方法可采用旋转法(两点抬吊)和滑行法(一点抬吊)。

双机抬吊旋转法吊装柱子时,双机位于柱子的一侧,主吊机吊柱子上端,副吊机吊下端,柱的布置应使两个吊点与基础中心分别处于起重半径的圆弧上。起吊时,两机同时同速升钩,至柱离地面0.3m高度时,停止上升;然后,两起重机的起重臂同时向杯口旋转。

双机抬吊滑行法吊装柱子时,柱子前平面布置与单机起吊滑行法相同。两台起重机相对而立,其吊钩均应位于基础上方。起吊时,两台起重机以相同的升钩、降钩、旋转速度工作。因此,采用型号相同的起重机。

4. 柱子的对位与临时固定

柱脚插入杯口后,应悬离杯底30～50mm处进行对位。对位时,应先从柱子四周向杯口放入8只楔块,并用撬棍拨动柱脚,使柱的安装中心线对准杯口的安装中心线,保持柱子基本垂直。当对位完成后,即可落钩将柱脚放入杯底,并复查中线,待符合要求后,即将四边楔块打紧,使柱临时固定,再将起重机吊钩脱开柱子。

5. 柱子的校正

柱子的校正包括平面位置、垂直度和标高。平面位置的校正,在柱子临时固定前进行,对位时就已完成,而柱子的标高则在吊装前已通过按实际柱子长调整杯底标高的方法进行了校正。垂直度的校正在柱子临时固定后进行,用两台经纬仪从柱子的两个相互垂直的方向同时观测柱的吊装中心线的垂直度,当柱高小于或等于5m时,其允许偏差值为5mm;柱高大于5m时,其允许偏差值为10mm;柱子高大于或等于10m时,其允许偏差值为1/1000柱高且不大于20mm。中小型柱或垂直偏差较小时,可用敲打楔块法校正;重型柱可用千斤顶法、钢管撑杆法或缆风绳法校正。

6. 柱子的最后固定

柱子经校正后，应立即进行最后固定，即在柱脚与杯口空隙中浇筑比柱混凝土强度等级高一级的细石混凝土。混凝土分两次浇筑：第一次浇至楔块底面，待混凝土强度达25%时，拔去楔块；再浇注第二次混凝土，至杯口顶面，待第二次混凝土强度达7%后，方可吊装上部构件。

二、吊车梁的吊装

吊车梁的吊装必须在基础杯口内第二次浇筑的混凝土强度达到设计强度的70%以上时方可进行。

（一）绑扎、吊升、对位与临时固定

吊车梁吊起后应基本保持水平。绑扎时，两根吊绳要等长，绑扎点要对称布置在梁的两端，吊钩对准梁的重心。吊车梁两头需要设置溜绳，避免悬空时碰撞柱子。

对位时应缓慢落钩，使吊车梁端面中心线与牛腿面的轴线对准。

吊车梁的稳定性较好，一般对位后，无须采取临时固定措施起重机即可松钩移走。但当梁的高度与底宽之比大于4时，可用连接钢板与柱子点焊做临时固定。

（二）校正与最后固定

中小型吊车梁的校正工作宜在屋盖吊装后进行，常采用边吊边校正法。吊车梁的校正主要包括垂直度和平面位置校正，两者应同时进行。吊车梁的标高，由于柱子吊装时已通过基础底面标高进行了控制，且吊车梁与吊车轨道之间尚须做较厚的垫层，一般不须校正。

吊车梁垂直度的校正，可用靠尺、线锤检查，其允许偏差为5mm。若发现偏差，须在吊车梁底端与柱牛腿面之间垫入斜垫块纠正，每摞垫块不超过3块。

吊车梁平面位置校正包括直线度和跨距两项。一般长6m、重5t以内的吊车梁可用拉钢丝法和仪器放线法校正；长12m及重5t以上的吊车梁常采取边吊边校法校正。

1. 拉钢丝法

由柱的定位轴线，在跨端地面定出吊车梁的轴线位置，再用钢尺检查跨距。然后使用经纬仪将吊车梁的纵轴线放到两个端跨四角的吊车梁顶面上，分别在两条轴线上拉一根16～18号的钢丝（为了减少钢丝与梁顶面的摩阻力，在钢丝中段每隔一定距离用圆钢垫起）。再将两端垫高200mm，钢丝下挂重物拉紧。如吊车梁的吊装纵轴线与通线不一致，则应根据通线来用撬杠拨正吊车梁的吊装中心线。

房屋建筑工程施工技术与管理

2. 仪器放线法

当吊车梁数量较多、钢丝不太容易拉紧时，可采用仪器放线法。用经纬仪在各个柱侧面放一条与吊车梁中线距离相等的校正基准线。校正基准线至吊车梁中线的距离为 a 值，由放线者自行决定。校正时，凡是吊车梁中线至校正基准线的距离不等于 a 时，即用撬杠拨正。

3. 边吊边校法

较重的吊车梁脱钩后移动困难，因此宜边吊边校正。校正时，用经纬仪在柱内侧引一条与柱纵轴线平行的视线，在木尺上弹两条短线 A 和 B，两短线间距离 a 为经纬仪视线与吊车梁纵轴线间距离。

吊装时，将木尺 A 点与吊车梁顶面所弹中心线吻合，用经纬仪观测木尺上的 B，同时指挥移动吊车梁，使木尺上的 B 点与经纬仪内的纵丝相重合，则吊车梁位置正确。

吊车梁校正完毕后，将吊车梁与柱子的预埋铁件用连接钢板焊牢，并在吊车梁与柱子的空隙处浇筑细石混凝土。

三、屋架的吊装

单层工业厂房的钢筋混凝土屋架，一般是在现场平卧叠浇。屋架安装的高度较高，屋架跨度大，厚度较薄，吊装过程中易产生平面变形，甚至会产生裂缝。因此，要采取必要的加固措施方可进行吊装。

（一）屋架的绑扎

屋架的绑扎点应选在上弦节点处或附近，对称于屋架中心。各吊索拉力的合力作用点要高于屋架重心。吊索与水平线的夹角不宜小于45°（以免屋架承受过大的横向压力），必要时，应采用横吊梁。屋架两端应设置溜绳，以控制屋架的转动。

吊点数目及位置与屋架的跨度和形式有关。一般当屋架跨度小于18m时，采用两点绑扎；跨度为18～24m时，采用四点绑扎；跨度为30～36m时，应考虑采用横吊梁以减少轴向压力；对刚度较差的组合屋架，因下弦不能承受压力，也宜采用横吊梁四点绑扎。

（二）屋架的扶直与就位

钢筋混凝土屋架一般在施工现场平卧浇注，吊装前应将屋架扶直就位。扶直时，在自重作用下屋架承受平面外的力，部分杆件将改变受力情况（特别是上弦杆极易扭曲开裂），因此吊装前必须进行吊装应力验算和采取一定的技术措施，保证安全施工。

扶直屋架时，按照起重机与屋架相对位置的不同，有正向扶直和反向扶直两种方式。

①正向扶直起重机位于屋架下弦一边，吊钩对准屋架上弦中点，收紧吊钩，起臂约为

2°时使屋架脱模，然后升钩、起臂，使屋架以下弦为轴旋转成直立状态。

②反向扶直起重机位于屋架上弦一边，吊钩对准屋架上弦中心，收紧吊索，起臂约为2°，随之升钩、降臂，使屋架绕下弦转动为直立状态。

正向扶直与反向扶直的不同点，即正向扶直为升臂，反向扶直为降臂，吊钩始终在上弦中点的垂直上方。升臂比降臂安全，操作易于控制，因此尽可能采用正向扶直方法。

屋架扶直后应立即就位。一般靠柱边斜放或 3～5 榀为一组平行柱边纵向就位，用支撑或 8 号铁丝等与已安装好的柱或已就位的屋架拉牢，以保持稳定。

（三）屋架的吊升、对位与临时固定

屋架起吊是先将屋架吊离地面约 500mm，然后将屋架转至吊装位置下方，应基本保持水平，再将屋架吊升超过柱顶约 300mm，即停止升钩，将屋架缓缓放至柱顶，进行对位。

对位应以建筑物的定位轴线为准。如果柱顶截面中线与定位轴线偏差过大，则可逐步调整纠正。

屋架对位后要立即进行临时固定。第一榀屋架用 4 根缆风绳在屋架两侧拉牢或将其与抗风柱连接；第二榀及其以后的屋架均用两根工具式支撑撑牢在前一榀屋架上。临时固定稳妥后，起重机才能脱钩。当屋架经校正最后固定，并安装了若干块大型屋面板后，才能将支撑取下。

（四）屋架的校正与最后固定

屋架的校正一般可采用校正器校正。对于第一榀屋架则可用缆风绳进行校正。屋架的垂直度可用经纬仪或线锤进行检查。用经纬仪检查方法是在屋架上安装 3 个卡尺，一个安在上弦中点附近，另两个安在屋架两端。自屋架几何中心向外量出一定距离（一般 500mm）在卡尺上做出标志，然后在距离屋架中线同样距离处安置经纬仪，观察 3 个卡尺上的标志是否在同一垂直面上。

用锤球检查屋架垂直度，与上述步骤相同，但标志距屋架几何中心距离可短些（一般为 300mm），在两端卡尺的标志连一通线，自屋架顶卡尺的标志处向下挂锤球，检查三卡尺的标志是否在同一垂直面上。若存在偏差，可通过转动工具式支撑上的螺栓加以纠正，并在屋架两端的柱顶上嵌入斜垫块。

校正无误后，立即用电焊焊牢，进行最后固定。电焊时应在屋架两端同时对角施焊，避免两端同侧施焊，以防焊缝收缩使屋架倾斜。

（五）屋架的双机抬吊

当屋架的质量较大时，一台起重机的起重量不能满足要求时，则可采用双机抬吊，其方法有以下两种：

1. 一机回转，一机跑吊

屋架布置在跨中，两台起重机分别位于屋架的两侧。1 号机在吊装过程中只回转不移动，因此其停机位置距屋架起吊前的吊点与屋架安装至柱顶后的吊点应相等。2 号机在吊装过程中须回转及移动，其行车中心线为屋架安装后各屋架吊点的连线。开始吊装时，两台起重机同时提升屋架至一定高度，2 号机将屋架由起重机一侧转至机前，然后两机同时提升屋架至超过柱顶，2 号机带屋架前进至屋架安装就位的停机点，1 号机则做回转相配合，最后两机同时缓缓将屋架下降至柱顶就位。

2. 双机跑吊

屋架在跨内一侧就位，开始两台起重机同时将屋架提升至一定高度，使屋架回转时不致碰及其他屋架或柱。然后 1 号机带屋架后退至停机点，2 号机带屋架前进，使屋架达到安装就位的位置。两机同时提升屋架超过柱顶，再缓缓下降至柱顶对位。

四、天窗架及屋面板的吊装

天窗架常采用单独吊装，也可与屋架拼装成整体同时吊装。单独吊装时，须待两侧屋面板安装后进行，并应用工具式夹具或绑扎圆木进行临时加固。

屋面板的吊装，因其均埋有吊环，一般多采用一钩多块迭吊或平吊法。安装时应自两边檐口左右对称地逐块铺向屋脊，避免屋架承受半边荷载。屋面板对位后，应立即进行电焊固定，每块屋面板至少焊 3 点。

第三节　钢结构安装工程

一、钢构件的制作

（一）钢构件制作前的准备工作

1. 钢结构的材料及处理

（1）材料的类型

目前，在我国的钢结构工程中常用的钢材主要有普通碳素钢、普通低合金钢和热处理低合金钢三类。其中以 Q235、Q345、Q390、Q420 等钢材应用最为普遍。

Q235 钢属于普通碳素钢，主要用于建筑工程，其屈服点为 $235N/mm^2$，具有良好的塑性和韧性。

Q345、Q390、Q420 属于低合金高强度结构钢，其屈服点分别为 $345N/mm^2$、$390N/mm^2$、

$420N/mm^2$，具有强度高、塑性及韧性好等特点，是我国建筑工程使用的主要钢种。

（2）材料的选择

各种结构对钢材要求各有不同，选用时应根据要求对钢材的强度、塑性、韧性、耐疲劳性能、焊接性能、耐锈性能等全面考虑。对厚钢板结构、焊接结构、低温结构和采用含碳量高的钢材制作的结构，还应防止脆性破坏。

承重结构钢材应保证抗拉强度、伸长率、屈服点和硫、磷的极限含量，焊接结构应保证碳的极限含量。除此之外，必要时还应保证冷弯性能。对重级工作制和起重量不小于50t的中级工作制焊接吊车梁或类似结构的钢材，还应有常温冲击韧性的保证。计算温度不高于 -20℃时，Q235 钢应具有 -20℃下冲击韧性的保证，Q345 钢应具有 -40℃下冲击韧性的保证。对于高层建筑钢结构构件节点约束较强，以及板厚不小于 50mm，并承受沿板厚方向拉力作用的焊接结构，应对板厚方向的断面收缩率加以控制。

（3）材料的验收和堆放

钢材验收的主要内容是，钢材的数量和品种是否与订货单相符，钢材的质量保证书是否与钢材上打印的记号相符，核对钢材的规格尺寸，钢材表面质量检验，即钢材表面不允许有结疤、裂纹、折叠和分层等缺陷，表面锈蚀深度不得超过其厚度负偏差值的1/2。

钢材堆放要减少钢材的变形和锈蚀，节约用地，并使钢材提取方便。露天堆放场地要平整并高于周围地面，四周有排水沟，雪后易于清扫。堆放时尽量使钢材截面的背面向上或向外，以免积雪、积水。堆放在有顶棚的仓库内时，可直接堆放在地坪上（下垫棱木），小钢材亦可堆放在架子上，堆与堆之间应留出通道以便搬运。堆放时每隔 5～6 层放置棱木，其间距以不引起钢材明显变形为宜。一堆内上、下相邻钢材须前后错开，以便在其端部固定标牌和编号。标牌应标明钢材的规格、钢号、数量和材质验收证明书号，并在钢材端部根据其钢号涂以不同颜色的油漆。

2. 制作前的准备工作

钢结构加工制作前的准备工作主要有详图设计和审查图纸、对料、编制工艺流程、布置生产场地、安排生产计划等。

在国际上，钢结构工程的详图设计多由加工单位负责。目前，国内一些大型工程亦逐步采用这种做法。

审查图纸主要是检查图纸设计的深度能否满足施工的要求，核对图纸上构件的数量和安装尺寸，检查构件之间有无矛盾，审查设计在技术上是否合理，构造是否方便施工等。

对料包括提料和核对两部分，提料时，须根据使用尺寸合理订货，以减少不必要的拼接和损耗；核对是指核对来料的规格、尺寸、质量和材质。

编制工艺流程是保证钢结构施工质量的重要措施。工艺流程的主要内容包括根据执行标准编写成品技术要求,关键零件的精度要求、检查方法和检查工具,主要构件的工艺流程、工序质量标准和为保证构件达到工艺标准而采用的工艺措施,采用的加工设备和工艺装备。

布置生产场地依据下列因素:产品的品种特点和批量,工艺流程,产品的进度要求,每班工作量和要求的生产面积,现有的生产设备和起重运输能力。生产场地的布置原则:按流水顺序安排生产场地,尽量减少运输量;合理安排操作面积,保证操作安全;保证材料和零件有足够的堆放场地;保证产品的运输以及电气供应。

生产计划的主要内容包括根据产品特点、工程量的大小和安装施工进度,将整个工程划分成工号,以便分批投料,配套加工,配套出成品;根据工作量和进度计划,安排作业计划,同时做出劳动力和机具平衡计划,对薄弱环节的关键机床,需要按其工作量具体安排进度和班次。

(二)钢构件制作

1. 放样、号料和切割

放样工作包括核对图纸的安装尺寸和孔距,以1:1的大样放出节点,核对各部分的尺寸,制作样板和样杆作为下料弯制、铣、刨、制孔等加工的依据。放样时,铣、刨的工件要考虑加工余量,一般为5mm;焊接构件要按工艺要求放出焊接收缩量,焊接收缩量应根据气候、结构断面和焊接工艺等确定。高层钢结构的框架柱应预留弹性压缩量,相邻柱的弹性压缩量相差不超过5mm,若图纸要求桁架起拱,放样时上下弦应同时起拱。

号料工作包括检查核对材料,在材料上画出切割、铣、刨、弯曲、钻孔等加工位置,打冲孔,标出零件编号等。号料应注意以下问题:①根据配料表和样板进行套裁,尽可能节约材料;②应有利于切割和保证构件质量;③当有工艺规定时,应按规定的方向取料。

切割下料的方法有气割、机械切割和等离子切割。

气割法是利用氧气与可燃气体混合产生的预热火焰加热金属表面达到燃烧温度,并使金属发生剧烈氧化,释放出大量的热促使下层金属燃烧,同时通以高压氧气射流,将氧化物吹除而产生一条狭小而整齐的割缝,随着割缝的移动切割出所需的形状。目前,主要的气割方法有手工气割、半自动气割和特型气割等。气割法具有设备使用灵活、成本低、精度高等特点,是目前使用最为广泛的切割方法,能够切割各种厚度的钢材,尤其是厚钢板或带曲线的零件。气割前须将钢材切割区域表面的铁锈、污物等清除干净,气割后应清除熔渣和飞溅物。

机械切割是利用上下两剪切刀具的相对运动来切断钢材,或利用锯片的切削运动将钢材分离,或利用锯片与工件间的摩擦发热使金属熔化而被切断。常用的切割机械有剪板机、联合冲剪机、弓锯床、砂轮切割机等。其中剪切法速度快、效率高,但切口较粗糙;锯割可以切割角钢、圆钢和各类型钢,切割速度和精度都较好。

等离子切割法是利用高温高速等离子焰流将切口处金属及其氧化物熔化并吹掉来完成切割，因此能切割任何金属，特别是熔点较高的不锈钢及有色金属铝、铜等。

2. 矫正和成型

（1）矫正

钢材使用前，由于材料内部的残余应力及存放、运输、吊运不当等，会引起钢材原材料变形；在加工成型过程中，操作和工艺原因会引起成型件变形；构件在连接过程中会存在焊接变形等。因此，必须对钢材进行矫正，以保证钢结构制作和安装质量。钢材的矫正方式主要有矫直、矫平、矫形三种。按矫正的外力来源，矫正分为火焰矫正、机械矫正和手工矫正等。

钢材的火焰矫正是利用火焰对钢材进行局部加热，被加热处理的金属由于膨胀受阻而产生压缩塑性变形，使较长的金属纤维冷却后缩短而完成。通常火焰加热位置、加热形式和加热热量是影响火焰矫正效果的主要因素。加热位置应选择在金属纤维较长的部位。加热形式有点状加热、线状加热和三角形加热。不同的加热热量使钢材获得不同的矫正变形能力，低碳钢和普通低合金钢的加热温度为600℃～800℃。

钢材的机械矫正是在专用矫正机上进行的。矫正机主要有拉伸矫正机、压力矫正机、辊压矫正机等。拉伸矫正机适用于薄板扭曲、型钢扭曲、钢管、带钢和线材等的矫正；压力矫正机适用于板材、钢管和型钢的局部矫正；辊压矫正机适用于型材、板材等的矫正。

钢材的手工矫正是利用锤击的方式对尺寸较小的钢材进行矫正。由于其矫正力小、劳动强度大、效率低，仅在缺乏或不便使用机械矫正时采用。在矫正时应注意以下问题：①碳素结构钢在环境温度低于-16℃、低合金结构钢在环境温度低于-12℃时，不得进行冷矫正和冷弯曲；②碳素结构钢和低合金结构钢在加热矫正时，加热温度应根据钢材性能选定，但不得超过900℃，低合金结构钢在加热矫正后应缓慢冷却；③当构件采用热加工成型时，加热温度宜控制在900℃～1000℃，碳素结构钢在温度下降到700℃之前，低合金结构钢在温度下降到800℃之前，应结束加工，低合金结构钢应缓慢冷却。

（2）成型

钢材的成型主要是指钢板卷曲和型材弯曲。

钢板卷曲是通过旋转辊轴对板材进行连续三点弯曲而形成。当制件曲率半径较大时，可在常温状态下卷曲；若制件曲率半径较小或钢板较厚，则须将钢板加热后进行。钢板卷曲分为单曲率卷曲和双曲率卷曲。单曲率卷曲包括圆柱面、圆锥面和任意柱面的卷曲，因其操作简便，工程中较常用。双曲率卷曲可以进行球面及双曲面的卷曲。

型材弯曲包括型钢弯曲和钢管弯曲。型钢弯曲时，由于截面重心线与力的作用线不在同一平面上，型钢除受弯曲力矩外还受扭矩的作用，所以型钢断面会产生畸变。畸变程度取决于应力的大小，而应力的大小又取决于弯曲半径。弯曲半径越小，则畸变程度越大。在弯曲时，若制件的曲率半径较大，一般应采用冷弯，反之则应采用热弯。钢管弯曲时，为尽可能减少钢管在弯曲过程中的变形，通常应在管材中加入填充物（砂或弹簧）后进行弯曲，用辊轮和滑槽压在管材外面进行弯曲或用芯棒穿入管材内部进行弯曲。

3. 边缘和球节点加工

在钢结构加工过程中，一般应在下述位置或根据图纸要求进行边缘加工：①吊车梁翼缘板、支座支承面等图纸有要求的加工面；②焊缝坡口；③尺寸要求严格的加劲板、隔板、腹板和有孔眼的节点板等。常用的机具有刨边机、铣床、碳弧气割等。近年来常以精密切割代替刨铣加工，如半自动、自动气割机等。

4. 制孔和组装

螺栓孔共分两类三级，其制孔加工质量和分组应符合规范要求。组装前，连接接触面和沿焊缝边缘每边 30 ～ 50mm 范围内的铁锈、毛刺、污垢、冰雪等应清除干净；组装顺序应根据结构形式、焊接方法和焊接顺序等因素确定；构件的隐蔽部位应焊接、涂装，并经检查合格后方可封闭，完全封闭的构件内表面可不涂装；当采用夹具组装时，拆除夹具不得损伤母材，残留焊疤应修抹平整。

5. 表面处理、涂装和编号

表面处理主要是指对使用高强度螺栓连接时接触面的钢材表面进行加工，即采用砂轮、喷砂等方法对摩擦面的飞边、毛刺、焊疤等进行打磨。经过加工使其接触处表面的抗滑移系数达到设计要求额定值，一般为 0.45 ～ 0.55。

钢结构的腐蚀是长期使用过程中不可避免的一种自然现象，在钢材表面涂刷防护涂层，是目前防止钢材锈蚀的主要手段。防护涂层的选用，通常应从技术经济效果及涂料品种和使用环境方面综合考虑后做出选择。不同涂料对底层除锈质量要求不同，一般来说常规的油性涂料湿润性和透气性较好，对除锈质量要求可略低一些。而高性能涂料（如富锌涂料等），对底层表面处理要求较高。涂料、涂装遍数、涂层厚度均应满足设计要求，当设计对涂层厚度无要求时，宜涂装 4 ～ 5 遍。涂层干漆膜总厚度：室外为 150μm，室内为 125μm，允许偏差为 -25μm；涂装工程由工厂和安装单位共同承担时，每遍涂层干漆膜厚度的允许误差为 -5μm。

通常，在构件组装成型之后即用油漆在明显处按照施工图标注构件编号。

此外，为便于运输和安装，对重大构件还要标注质量和起吊位置。

6.构件验收与拼装

构件出厂时，应提交下列资料：产品合格证；施工图和设计变更文件，设计变更的内容应在施工图中相应部位注明；制作中对技术问题处理的协议文件；钢材、连接材料和涂装材料的质量证明书或试验报告；焊接工艺评定；高强度螺栓摩擦面抗滑移系数试验报告、焊缝无损检验报告及涂层检测资料；主要构件验收记录；预拼装记录；构件发运和包装清单。

二、钢结构的安装工艺

（一）钢构件的运输和存放

钢构件应根据钢结构的安装顺序，分单元成套供应。运输钢构件时应根据构件的长度、质量选择运输车辆，钢构件在运输车辆上的支点两端伸出的长度及绑扎方法均应保证钢构件不产生变形、不损伤涂层。钢构件应存放在平整坚实、无积水的场地上，且应满足按种类、型号、安装顺序分区存放的要求。构件底层垫枕应有足够的支撑面，并应防止支点下沉。相同型号的钢构件叠放时，各层钢构件的支点应在同一垂直线上，并应防止钢构件被压坏和变形。

（二）构件的安装和校正

钢结构安装前须对建筑物的定位轴线、基础轴线、标高、地脚螺栓位置等进行检查，并应进行基础检测和办理交接验收。钢垫板面积根据基础混凝土的抗压强度、柱脚底板下细石混凝土二次浇灌前柱底承受的荷载和地脚螺栓（锚栓）的紧固拉力计算确定。垫板设置在靠近地脚螺栓（锚栓）的柱脚底板加劲板或柱肢下，每根地脚螺栓（锚栓）侧应设 1～2 组垫板，每组垫板不得多于 5 块。垫板与基础面和柱底面的接触应平整紧密。当采用成对斜垫板时，其叠合长度不应小于垫板长度的 2/3。二次浇灌混凝土前垫板间应焊接固定。工程上常将无收缩砂浆作为坐浆材料，柱子吊装前砂浆试块强度应高于基础混凝土强度一个等级。为保证结构整体性，钢结构安装在形成空间刚度单元后，及时对柱底板和基础顶面的空隙采用细石混凝土二次浇灌。

钢结构安装前，要对构件的质量进行检查，当钢构件的变形、缺陷超出允许偏差时，待处理后，方可进行安装工作。厚钢板和异种钢板的焊接、高强度螺栓安装、栓钉焊和负温度下施工，须根据工艺试验，编制相应的施工工艺。

钢结构采用综合安装时，为保证结构的稳定性，在每一单元的钢构件安装完毕后，应及时形成空间刚度单元。大型构件或组成块体的网架结构，可采用单机或多机抬吊，亦可采用高空滑移安装。钢结构的柱、梁、屋架支撑等主要构件安装就位后，应立即进行校正工作，尤其应注意的是，安装校正时，要有相应措施，消除风、温差、日照等外界环境和焊接变形等因素的影响。

（三）钢构件的连接和固定

钢构件的连接方式通常有焊接和螺栓连接。随着高强度螺栓连接和焊接连接的大量采用，对被连接件的要求越来越严格。如构件位移、水平度、垂直度、磨平顶紧的密贴程度、板叠摩擦面的处理、连接间隙、孔的同心度、未焊表面处理等，都应经质量监督部门检查认可，方能进行紧固和焊接，以免留下难以处理的隐患。焊接和高强度螺栓并用的连接，当设计无特殊要求时，应按先栓后焊的顺序施工。

1. 钢构件的焊接连接

（1）钢构件焊接连接的基本要求

焊接工艺评定是保证钢结构焊缝质量的前提，通过焊接工艺评定选择最佳的焊接材料、焊接方法、焊接工艺参数、焊后热处理等，以保证焊接接头的力学性能达到设计要求。焊工要经过考试并取得合格证后方可从事焊接工作，焊工应遵守焊接工艺，不得自由施焊及在焊道外的母材上引弧。焊丝、焊条、焊钉、焊剂的使用应符合规范要求。安装定位焊缝须考虑工地安装的特点，如构件的自重、所承受的外力、气候影响等，其焊点数量、高度、长度均应由计算确定。焊条的药皮是保证焊接过程正常和焊接质量及参与熔化过渡的基础。严禁使用生锈焊条。

为防止起弧落弧时弧坑缺陷出现应力集中，角焊缝的端部在构件的转角处宜连续绕角施焊，垫板、节点板的连续角焊缝，其落弧点应距离端部至少10mm；多层焊接应连续不断地施焊；凹形角焊缝的金属与母材间应平缓过渡，以提高其抗疲劳性能。定位焊所采用的焊接材料应与焊件材质相匹配，在定位焊施工时易出现收缩裂纹、冷淬裂纹及未焊透等质量缺陷。因此，应采用回焊引弧、落弧添满弧坑的方法，且焊缝长度应符合设计要求，一般为设计焊缝高度的7倍。

（2）焊接接头

钢结构的焊接接头按焊接方法分为熔化接头和电渣焊接头两大类。在手工电弧焊中，熔化接头根据焊件厚度、使用条件、结构形状的不同又分为对接接头、角接接头、T形接头和搭接接头等形式。对厚度较厚的构件，为了提高焊接质量，保证电弧能深入焊缝的根部，使根部能焊透，同时获得较好的焊缝形态，通常要开坡口。

（3）焊缝形式

焊缝形式按施焊的空间位置可分为平焊缝、横焊缝、立焊缝及仰焊缝四种。平焊的熔滴靠自重过渡，操作简便，质量稳定；横焊因熔化金属易下滴，而使焊缝上侧产生咬边，下侧产生焊瘤或未焊透等缺陷；立焊成缝较为困难，易产生咬边、焊瘤、夹渣、表面不平等缺陷；仰焊必须保持最短的弧长，因此常出现未焊透、凹陷等质量缺陷。

焊缝形式按结合形式分为对接焊缝、角接焊缝和塞焊缝三种。

对接焊缝的主要尺寸：焊缝有效高度 s 、焊缝宽度 c 、余高 h 。角接焊缝主要以高度 k 表示，塞焊缝则以熔核直径 d 表示。

（4）焊接工艺参数

手工电弧焊的焊接工艺参数主要包括焊接电流、电弧电压、焊条直径、焊接层数、电源种类和极性等。

焊接电流的确定与焊条的类型、直径、焊件厚度、接头形式、焊缝位置等因素有关，在一般钢结构焊接中，可根据电流大小与焊条直径的关系即式（5-10）进行平焊电流的试选。

$$I = 10d^2 \tag{5-10}$$

式中：I ——焊接电流，A；

d ——焊条直径，mm。

立焊电流比平焊电流减小 15% ~ 20%，横焊和仰焊电流则应比平焊电流减小 10% ~ 15%。电弧电压由焊接电流确定，同时其大小还与电弧长度有关，电弧长则电压高，电弧短则电压低，一般要求电弧长不大于焊条直径。焊条直径主要与焊件厚度、接头形式、焊缝位置和焊接层次等因素有关，一般来说，可按表 5-1 进行选择。为保证焊接质量，工程上多倾向于选择较大直径焊条，并且在平焊时直径可大一些，立焊所用焊条直径不超过 5mm，横焊和仰焊所用焊条直径不超过 4mm，坡口焊时，为防止未焊透缺陷，第一层焊缝宜采用直径为 3.2mm 的焊条。焊接层数由焊件的厚度而定，除薄板外，一般都采用多层焊。焊接层数过多，每层焊缝的厚度过大，对焊缝金属的塑性有不利影响，施工时每层焊缝的厚度不应大于 4 ~ 5mm。在重要结构或厚板结构中应采用直流电源，其他情况则首先应考虑交流电源，根据焊条的形式和焊接特点的不同，利用电弧中的阳极温度比阴极温度高的特点，选用不同的极性来焊接各种不同的构件。用碱性焊条或焊接薄板时，采用直流反接（工件接负极），而用酸性焊条时，则通常采用正接（工件接正极）。

表 5-1 焊条直径的选择 /mm

焊件厚度	≤	3 ~ 4	5 ~ 12	> 12
焊条直径	2	3.2	4 ~ 15	≥ 15

（5）运条方法

钢结构正常施焊时，焊条有三种运动方式：

①焊条沿其中心线送进，以免发生断弧。

②焊条沿焊缝方向移动，移动的速度应根据焊条直径、焊接电流、焊件厚度、焊缝装配情况及其位置确定，移动速度要适中。

③焊条做横向摆动，以便获得需要的焊缝宽度，焊缝宽度一般为焊条直径的1.5倍。

（6）焊缝的后处理

焊接工作结束后，应做好清除焊缝飞溅物、焊渣、焊瘤等工作。无特殊要求时，应根据焊接接头的残余应力、组织状态、熔敷金属含氢量和力学性能决定是否需要焊后热处理。

2. 普通螺栓连接

普通螺栓是钢结构常用的紧固件之一，用作钢结构中的构件连接固定或钢结构与基础的连接固定。

（1）类型与用途

常用的普通螺栓有六角螺栓、双头螺栓和地脚螺栓等。

六角螺栓按其头部支撑面大小及安装位置尺寸分大六角头和六角头两种，按制造质量和产品等级则分为A、B、C三种。A级螺栓又称精制螺栓，B级螺栓又称半精制螺栓。A、B级螺栓适用于拆装式结构或连接部位须传递较大剪力的重要结构的安装。C级螺栓又称粗制螺栓，适用于钢结构安装的临时固定。

双头螺栓多用于连接厚板和不便使用六角螺栓的连接处，如混凝土屋架、屋面梁悬挂吊件等。

地脚螺栓一般有地脚螺栓、直角地脚螺栓、锤头螺栓和锚固地脚螺栓等形式。通常，地脚螺栓和直角地脚螺栓预埋在结构基础中用以固定钢柱；锤头螺栓是基础螺栓的一种特殊形式，在浇筑基础混凝土时将特制模箱（锚固板）预埋在基础内，用以固定钢柱；锚固地脚螺栓是在已形成的混凝土基础上经钻机制孔后，再浇筑固定的一种地脚螺栓。

（2）普通螺栓的施工

①连接要求。普通螺栓在连接时应符合以下要求：永久螺栓的螺栓头和螺母的下面应放置平垫圈，螺母下的垫圈不应多于2个，螺栓头下的垫圈不应多于1个；螺栓头和螺母应与结构构件的表面及垫圈密贴；对于倾斜面的螺栓连接，应采用斜垫片垫平，使螺母和螺栓的头部支撑面垂直于螺杆，避免紧固螺栓时螺杆受到弯曲力；永久螺栓和锚固螺栓的螺母应根据施工图纸中的设计规定，采用有放松装置的螺母或弹簧垫圈；对于动荷载或重要部位的螺栓连接，应在螺母下面按设计要求放置弹簧垫圈；从螺母一侧伸出螺栓的长度应保持在不小于两个完整螺纹的长度；使用螺栓等级和材质应符合施工图纸的要求。

②螺栓长度。确定连接螺栓的长度 L ，按式（5-11）计算：

$$L = \delta + H + nh + C \qquad (5\text{-}11)$$

式中：δ ——连接板约束厚度，mm；

H ——螺母高度，mm；

n ——垫圈个数，个；

h——垫圈厚度，mm；

C——螺杆余长，5～10mm。

③紧固轴力。为了使螺栓受力均匀，尽量减少连接件变形对紧固轴力的影响，保证各节点连接螺栓的质量，螺栓紧固必须从中心开始，对称施拧。其紧固轴力不应超过相应规定。永久螺栓拧紧质量检验采用锤敲或用力矩扳手检验，要求螺栓不颤头和偏移，拧紧程度用塞尺检验，对接表面高差（不平度）不应超过0.5mm。

3. 高强度螺栓连接

高强度螺栓是用优质碳素钢或低合金钢材制作而成的，具有强度高、施工方便、安装速度快、受力性能好、安全可靠等特点，已广泛地应用于大跨度结构、工业厂房、桥梁结构、高层钢框架结构等的钢结构工程中。

（1）六角头高强度螺栓和扭剪型高强度螺栓

六角头高强度螺栓为粗牙普通螺纹，有8.8S和10.9S两种等级。一个六角头高强度螺栓连接副由一个螺栓、一个螺母和两个垫圈组成。高强度螺栓连接副应同批制造，保证扭矩系数稳定，同批连接副扭矩系数平均值为0.110～0.150，其扭矩系数标准偏差应不大于0.010。扭矩系数可按下式计算：

$$K = M / (Pd) \tag{5-12}$$

式中：K——扭矩系数；

M——施加扭矩，N·m；

P——高强度螺栓预拉力，kN；

d——高强度螺栓公称直径，mm。

（2）高强度螺栓的施工

高强度螺栓连接副是按出厂批号包装供货和提供产品质量证明书的，因此在储存、运输、施工过程中，应严格按批号存放、使用。不同批号的螺栓、螺母、垫圈不得混杂使用。高强度螺栓连接副的表面经特殊处理，在施拧前要保持原状，以免扭矩系数和标准偏差或紧固轴力和变异系数发生变化。施工单位应在产品质量保证期内及时复验，复验数据作为施拧的主要参数。为保证丝扣不受损伤，安装高强度螺栓时，不得强行穿入螺栓或兼做安装螺栓。

高强度螺栓的拧紧分为初拧和终拧两步进行，这样可减小先拧与后拧的高强度螺栓预拉力的差别。大型节点应分初拧、复拧和终拧三步进行，增加复拧是为了减少初拧后过大的螺栓预拉力损失，为使被连接板叠紧密贴，施工时应从螺栓群中央顺序向外拧，即从节点中刚度大的中央按顺序向不受约束的边缘施拧，同时，为防止高强度螺栓连接副的表面处理涂层发生变化影响预拉力，应在当天终拧完毕。

扭剪型高强度螺栓的初拧扭矩按下列公式计算：

$$T_0 = 0.065P_c d \qquad (5\text{-}13)$$

$$P_c = P + \Delta P \qquad (5\text{-}14)$$

式中，T_0——初拧扭矩，N·m；

$\qquad P_c$——施工预拉力，kN；

$\qquad P$——高强度螺栓设计预拉力，kN；

$\qquad \Delta P$——预拉力损失值（宜取设计预拉力的 10%），kN；

$\qquad d$——高强度螺栓螺纹直径，mm。

扭剪型高强度螺栓连接副没有终拧扭矩规定，其终拧是采用专用扳手拧掉螺栓尾部梅花头。若个别部位的螺栓无法使用专用扳手，则按直径相同的高强度大六角头螺栓采用扭矩法施拧，扭矩系数取 0.13。

高强度大六角头螺栓的初拧扭矩宜为终拧扭矩的 50%，终拧扭矩按下列公式计算：

$$T_c = KP_c d \qquad (5\text{-}15)$$

$$P_c = P + \Delta P \qquad (5\text{-}16)$$

式中：T_c——终拧扭矩，N·m；

$\qquad K$——扭矩系数；

$\qquad P_c$、P、ΔP、d 同式（5-13）及式（5-14）中含义。

高强度大六角头螺栓施拧用的扭矩扳手，一般采用电动定扭矩扳手或手动扭矩扳手，检查用扭矩扳手多采用手动指针式扭矩扳手或带百分表的扭矩扳手。扭矩扳手在班前和班后均应进行扭矩校正，施拧用扳手的扭矩为 ±5%，检查用扳手的扭矩为 ±3%。

对于高强度螺栓终拧后的检查，扭剪型高强度螺栓可采用目测法检查螺栓尾部梅花头是否拧掉；高强度大六角头螺栓可采用小锤敲击法逐个进行检查，其方法是用手指紧按住螺母的一个边，用质量为 0.3～0.5kg 的小锤敲击螺母相对应的另一边，如手指感到轻微颤动即为合格，颤动较大即为欠拧或漏拧，完全不颤动即为超拧。高强度大六角头螺栓终拧结束后的检查除了采用小锤敲击法逐个进行检查外，还应在终拧 1h 后、24h 内进行扭矩抽查。扭矩抽查的方法：先在螺母与螺杆的相对应位置画一细直线，然后将螺母退回 30°～50°，再拧至原位（与该细直线重合）时测定扭矩，该扭矩与检查扭矩的偏差在检查扭矩的 ±10% 范围以内即为合格。检查扭矩按下式计算：

$$T_{ch} = KPd \qquad (5\text{-}17)$$

式中：T_{ch}——检查扭矩，N·m；

$\qquad K$、P、d 同式（5-13）及式（5-14）中含义。

第四节 结构安装工程质量要求及安全措施

一、单层、多层钢筋混凝土结构安装质量要求

当混凝土强度达到设计强度的75%以上，预应力构件孔道灌浆的强度达到15MPa以上，方可进行构件吊装。

安装构件前，应对构件进行弹线和编号，并对结构及预制件进行平面位置、标高、垂直度等校正工作。

构件在吊装就位后，应进行临时固定，保证构件的稳定。

在吊装装配式框架结构时，只有当接头和接缝的混凝土强度大于10MPa时，方能吊装上一层结构的构件。

二、单层钢结构安装质量要求

钢结构基础施工时，应注意保证基础顶面标高及地脚螺栓位置的准确。其偏差值应在允许偏差范围内。

钢结构安装应按施工组织设计进行。安装程序必须保持结构的稳定性且不导致永久性变形。

钢结构安装前，应按构件明细表核对进场的构件，查验产品合格证和设计文件；工厂预拼装过的构件在现场拼装时，应根据预拼装记录进行。

钢结构安装偏差的检测，应在结构形成空间刚度单元并连接固定后进行，其偏差在允许偏差范围内。

三、安全措施

（一）使用机械的安全要求

吊装所用的钢丝绳，事先必须认真检查，表面磨损，若腐蚀达钢丝绳直径的10%时，不准使用。

起重机负重开行时，应缓慢行驶，且构件离地不得超过500mm。起重机在接近满荷时，不得同时进行两种操作动作。

起重机工作时，严禁碰触高压电线。起重臂、钢丝绳、重物等与架空电线要保持一定的安全距离。

发现吊钩、卡环出现变形或裂纹时，不得再使用。

起吊构件时，吊钩的升降要平稳，避免紧急制动和冲击。

对新到、修复或改装的起重机在使用前必须进行检查、试吊；要进行静、动负荷试验。试验时，所吊重物为最大起重量的125%，且离地面1m，悬空10min。

起重机停止工作时，启动装置要关闭上锁。吊钩必须升高，防止摆动伤人，并不得悬挂物件。

（二）操作人员的安全要求

从事安装工作人员要进行体格检查，心脏病或高血压患者不得进行高空作业。

操作人员进入现场时，必须戴安全帽、手套，高空作业时还要系好安全带，所带的工具，要用绳子扎牢或放入工具包内。

在高空进行电焊焊接，要系安全带，着防护罩；潮湿地点作业，要穿绝缘胶鞋。

进行结构安装时，要统一用哨声、红绿旗、手势等指挥，所有作业人员，均应熟悉各种信号。

（三）现场安全设施

吊装现场的周围，应设置临时栏杆，禁止非工作人员入内。地面操作人员，应尽量避免在高空作业面的正下方停留或通过，也不得在起重机的起重臂或正在吊装的构件下停留或通过。

配备悬挂或斜靠的轻便爬梯，供人上下。

如须在悬空的屋架上弦行走时，应在其上设置安全栏杆。

在雨期或冬期，必须采取防滑措施。例如，扫除构件上的冰雪、在屋架上捆绑麻袋、在屋面板上铺垫草袋等。

第六章 防水工程施工

第一节 屋面防水工程

防水工程质量的优劣，不仅关系到建（构）筑物的使用寿命，而且直接影响到人们的生产、生活环境和卫生条件。因此，建筑防水工程质量除了考虑设计的合理性、防水材料的正确选择外，还要注意其施工工艺及施工质量。

防水工程按构造做法分为结构防水和材料防水两大类。

结构防水主要是依靠结构构件材料自身的密实性及某些构造措施（坡度、埋设止水带等），使结构构件起到防水作用。

材料防水是在结构构件的迎水面或背水面以及接缝处，附加防水材料做成防水层，以起到防水作用，如卷材防水、涂料防水、刚性材料防水层防水等。

屋面防水等级和设防要求如表 6-1 所示。

表 6-1 屋面防水等级和设防要求

项目	屋面防水等级			
	I	II	III	IV
建筑物类别	特别重要的民用建筑和对防水有特殊要求的工业建筑	重要的工业与民用建筑、高层建筑	一般的工业与民用建筑	非永久性建筑
防水层耐用年限	25 年	15 年	10 年	5 年

项目	屋面防水等级			
	I	II	III	IV
防水层选用材料	宜选用合成高分子防水卷材、高聚物改性沥青防水卷材、合成高分子防水涂料、细石防水混凝土等材料	选用高聚物改性沥青防水卷材、合成高分子防水卷材、金属板材、合成高分子防水涂料、高聚物改性沥青防水涂料、细石混凝土、平瓦油毡瓦等材料	选用三毡四油沥青防水卷材、高聚物改性沥青防水卷材、合成高分子防水卷材、金属板材、高聚物改性沥青防水涂料、合成高分子防水涂料、细石混凝土、平瓦油毡瓦等材料	可选用二毡三油沥青防水卷材、高聚物改性沥青防水涂料等材料
设防要求	三道或三道以上防水设防	两道防水设防	一道防水设防	一道防水设防

一、卷材防水屋面

卷材防水屋面是用胶结材料粘贴卷材进行防水的屋面。这种屋面具有重量轻、防水性能好的优点，其防水层柔韧性好，能适应一定程度的结构振动和胀缩变形。所用卷材有传统的沥青防水卷材、高聚物改性沥青防水卷材和合成高分子防水卷材三大系列。

（一）卷材防水屋面构造

卷材防水屋面构造如图 6-1 所示。

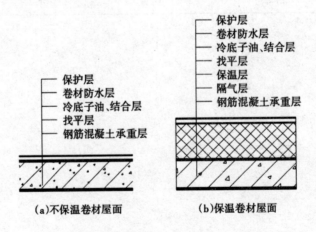

图 6-1 卷材防水屋面构造示意图

（二）卷材防水层施工

1. 基层要求

基层应有足够的强度和刚度，承受荷载时不致产生显著变形。基层一般采用水泥砂浆、细石混凝土或沥青砂浆找平，做到平整、坚实、清洁、无凹凸形及尖锐颗粒。铺设屋面隔气层和防水层以前，基层必须清扫干净。屋面及檐口、檐沟、天沟找平层的排水坡度必须符合设计要求，平屋面采用结构找坡应不小于3%，采用材料找坡宜为2%，天沟、檐沟纵向找坡不应小于1%，沟底落水差不大于200mm，与突出屋面结构的连接处以及房屋的转角处，均应做成圆弧或钝角，其圆弧半径应符合以下要求：沥青防水卷材为100～150mm，高聚物改性沥青防水卷材为50mm，合成高分子防水卷材为20mm。

为防止由于温差及混凝土构件收缩而使防水屋面开裂，找平层应留分格缝，缝宽一般为20mm。分格缝应留在预制板支承边的拼缝处，其纵横向最大间距，当找平层采用水泥砂浆或细石混凝土时，不宜大于6m；采用沥青砂浆时，则不宜大于4m。分格缝处应附加200～300mm宽的油毡，用沥青胶结材料单边点贴覆盖。

2. 材料选择

（1）基层处理剂

基层处理剂是为了增强防水材料与基层之间的黏结力，在防水层施工前，预先涂刷在基层上的涂料。高聚物改性沥青防水卷材屋面常用的基层处理剂有氯丁胶沥青乳胶、橡胶改性沥青溶液、沥青溶液（冷底子油）等。

（2）胶黏剂

卷材防水层的黏结材料，必须选用与卷材相应的胶黏剂。高聚物改性沥青卷材选用橡胶或再生橡胶改性沥青的汽油溶液或水乳液作为胶黏剂，其黏结剪切强度应大于0.05MPa，黏结剥离强度应大于$8N/m^2$。

（3）卷材

防水屋面常用的卷材为SBS卷材。

3. 卷材施工

（1）施工工艺流程

基层表面清理→喷、涂基层处理剂→节点附加层铺设→定位、弹线→铺贴卷材→收头、节点密封→检查、修整→保护层施工。

（2）铺设方法和要求

基层处理可采用喷涂法和涂刷法。不论喷还是涂均应均匀一致，而且应该先对屋面节点、转角、周边等处用毛刷涂刷。

铺贴卷材的方向：屋面坡度小于 3% 时，卷材宜平行于屋脊铺贴；屋面坡度在 3% ～ 15% 时，卷材可平行或垂直于屋脊铺贴；屋面坡度大于 15% 或屋面受震动时，沥青防水卷材应垂直于屋脊铺贴，高聚物改性沥青和合成高分子防水卷材可平行或垂直于屋脊铺贴；上下层卷材不得垂直铺贴。

铺贴卷材的顺序：先铺贴细部节点、附加层和屋面排水比较集中的部位，然后由最低处向上铺贴。天沟、檐沟卷材应顺天沟、檐沟去向铺贴，减少卷材搭接，有多跨和高低跨时，应按先高后低、先远后近的顺序进行。

铺贴卷材搭接及宽度要求：平行屋脊的搭接缝，应顺流水方向搭接；垂直屋脊的搭接缝，应顺年最大频率风向搭接。上下层及相邻两幅卷材的搭接缝应错开；叠层铺贴的各层卷材，在天沟与屋面的交接处，应采用叉接法搭接，搭接缝应错开；搭接缝宜留在屋面或天沟侧面，不宜留在沟底。高聚物改性沥青和合成高分子防水卷材的搭接缝应用密封材料封严。高聚物改性沥青和合成高分子防水卷材搭接宽度短边、长边分别为 80mm 与 100mm。

高聚物改性沥青防水卷材热熔法施工要点：采用专用的导热油炉加热烘烤卷材与基层接触的底面，加热温度不应高于 200℃，使用温度不应低于 180℃。铺贴时，可采用滚铺法，即边加热烘烤边滚动卷材铺贴的方法。喷火枪头与卷材保持 50 ～ 100mm 距离，与基层呈 30° ～ 45° 角，将火焰对准卷材与基层交接处，同时加热卷材底面热熔胶层和基层，至热熔胶层出现黑色光泽，发亮至稍有微泡缓出现，慢慢放下卷材平铺于基层，然后排气辊压，使卷材与基层粘牢。要求铺贴的卷材平整顺直，搭接尺寸准确，不得扭曲。

高聚物改性沥青防水卷材自粘法施工要点：卷材底面胶黏剂表面敷有一层隔离纸，铺贴时只要剥去隔离纸，即可直接铺贴。应注意隔离纸必须完全撕净，彻底排除卷材下面的空气，并辊压后黏结牢固。低温施工时，立面、大坡面及搭接部位宜采用热风机加热后随即粘牢。

合成高分子防水卷材施工方法有冷粘法、自粘法。它的施工要点与高聚物改性沥青防水卷材基本相同。同时，合成高分子防水卷材另一种施工方法为焊接法。用焊接法施工的合成高分子卷材仅有 PVC 防水卷材一种，焊接法一种为热熔焊，即利用电加热器由焊嘴喷出热气体，使卷材表面熔化实现焊接熔合；另一种为冷焊，即采用溶剂将卷材搭接或对接实现接合。焊接前卷材应平整顺直、无皱折，焊接面应干净无油污、无水滴及附着物。焊接时应先焊长边接缝，后焊短边接缝。焊接面应受热均匀，不得有漏焊、跳焊与焊接不良等现象，更不得损害非焊接部位的卷材。

为了延长防水层的使用年限，卷材铺设完毕后，应进行保护层的施工，保护层可用浅色涂料、水泥砂浆、块体材料或细石混凝土。

（3）设置排气通道

屋面的柔性防水层施工完毕后，往往会发生防水卷材起鼓的现象，导致防水屋面寿命缩短等。产生起鼓现象的主要原因是屋面保温层、找平层施工含水量过大或遇雨水浸泡不干燥，而又立即铺设卷材防水层。解决办法是在屋面设置排气通道。

4.保护层种类

常用的保护层有涂料保护层，绿豆砂保护层，细砂、云母或蛭石保护层，混凝土预制板保护层。

5.卷材防水层质量检验

卷材防水层的质量必须符合设计要求，施工后不渗漏、不积水，极易产生渗漏的节点防水设防应严密，所以将它们列为主控项目。当然，搭接、密封、基层黏结、铺设方向、搭接宽度、保护层、排气通道等项目亦应列为检验项目，见表6-2。

防水卷材现场抽样复验项目见表6-3。

表6-2　卷材防水层质量检验

项目		要求	检验方法
主控项目	卷材防水层所用卷材及其配套材料	必须符合设计要求	检查出厂合格证、质量检验报告和现场抽样复验报告
	卷材防水层	不得有渗漏或积水现象	雨后或淋水、蓄水试验
	卷材防水层在天沟、檐沟、泛水、变形缝和水落口等处细部做法	必须符合设计要求	观察检查和检查隐蔽工程验收记录

项目		要求	检验方法
一般项目	卷材防水层的搭接缝	应黏(焊)结牢固、密封严密,并不得有皱褶、翘边和鼓泡	观察检查
	防水层的收头	应与基层粘结并固定牢固、缝口封严,不得翘边	观察检查
	卷材防水层撒布材料和浅色涂料保护层	应铺撒或涂刷均匀,黏结牢固	观察检查
	卷材防水层的水泥砂浆或细石混凝土保护层与卷材防水层间	应设置隔离层	观察检查
	保护层的分格缝留置	应符合设计要求	观察检查
	卷材的铺设方向,卷材的搭接宽度	铺设方向应正确,搭接宽度的允许偏差为 −10mm	观察和尺量检查
	排气通道、排气孔	应纵横贯通,不得堵塞;排气管应安装牢固,位置正确,封闭严密	观察和尺量检查

表 6-3 防水卷材现场抽样复验项目

材料名称	现场抽样数量	外观质量检验	物理性能检验
沥青防水卷材	大于 1000 卷抽 5 卷,500～1000 卷抽 4 卷,100～499 卷抽 3 卷,100 卷以下抽 2 卷,进行规格尺寸和外观质量检验;在外观质量检验合格的卷材中,任取 1 卷进行物理性能检验	孔洞、格伤、露胎、涂盖不匀、折纹、皱褶、裂纹、裂口、缺边,每卷卷材的接头	纵向拉力,耐热度,柔度,不透水性
高聚物改性沥青防水卷材	同上	孔洞、缺边、格伤、裂口边缘不整齐,胎体露白、未浸透,撒布材料粒度、颜色,每卷卷材的接头	拉力,最大拉力时延伸率,耐热度,低温柔度,不透水性
合成高分子防水卷材	同上	折痕、杂质、胶块、凹痕,每卷卷材的接头	断裂拉伸强度,扯断伸长率,低温弯折,不透水性
石油沥青	同一批至少抽一次		针入度,延度,软化点
沥青玛蹄脂	每工作班至少抽一次		耐热度,柔韧性,黏结力

二、涂膜防水屋面

涂膜防水屋面的涂料主要有高聚物改性沥青防水涂料、合成高分子防水涂料和聚合物水泥防水涂料。涂膜防水屋面主要适用于防水等级为Ⅲ级、Ⅳ级的屋面防水，也可用作Ⅰ级、Ⅱ级屋面多道防水设防中的一道防水层。

施工要点如下：屋面的板缝、找平层应按有关规定施工。高聚物改性沥青防水涂膜应多遍涂布，总厚度应达到设计要求，涂层应均匀平整。涂膜施工应先做好节点处理，然后再大面积涂布。涂层间可夹铺胎体增强材料（化纤无纺布、玻璃纤维网格布）；胎体增强材料应铺平并排除气泡，且与涂料黏结牢固，涂料应浸透胎体，最上面的涂层厚度不应小于1mm。合成高分子防水涂料施工可采用刮涂或喷涂的施工方法，当采用刮涂法时，后一遍应与前一遍刮涂的方向垂直。如有胎体增强材料，位于胎体下面的涂层厚度不宜小于1mm，最上层的涂层不应少于两遍，厚度不应小于0.5mm。施工完毕后，均应做屋面保护层。

三、刚性防水屋面

刚性防水屋面不适用于松散保温层屋面、大跨度和轻型屋盖屋面、受较大振动或冲击的屋面。

1. 刚性防水屋面的细部节点处理应与柔性材料复合使用，以保证防水的可靠性。

2. 刚性防水屋面在基层与防水层之间要做隔离层，从而使基层结构层与防水层变形互不约束。

3. 刚性防水层应设置分格缝，纵横分格缝一般不大于6m，分格面积不超过36m^2，分格缝内应嵌填密封材料，分格缝宽度为5～30mm。

4. 刚性防水屋面细石混凝土防水层的厚度不应小于40mm，并铺设钢筋网片。选用φ4～6mm、间距为100～200mm的双向钢筋网片；钢筋网片在分格缝处应断开，其位置应居中偏上；保护层不应小于10mm。

四、其他类型屋面施工简介

其他类型的屋面有架空隔热屋面、金属压型夹芯板屋面、蓄水屋面、种植屋面、倒置式屋面等。

（一）架空隔热屋面

架空隔热屋面一般在炎热地区采用。架空隔热屋面是在屋顶中设置通风的空气间层，利用空气间层的空气流动带走一部分热量，从而降低传至屋里内表面的温度。一般情况下是在屋顶放置一些导热性能较低的支撑物，并在上面盖一层隔热板，这样在屋顶和隔热板之间就形成了一个空气层。空气层起到了隔热作用，不但可以通过隔热板使屋顶太阳辐射的热降低，还可以通过空气层的隔热作用使得隔热板到屋顶的传热减少，从而减少室内的热。但由于架空隔热的高度有限，因此隔热的效果一般。

（二）金属压型夹芯板屋面

金属压型夹芯板是由两层彩色涂层钢板、中间加硬质自熄性聚氨酯泡沫组成的，通过辊压、发泡、黏结一次成型。它适用于防水等级为Ⅱ级、Ⅲ级的屋面单层防水，尤其适用于一般工业与民用建筑轻型屋盖的保温防水屋面。

（三）蓄水屋面

用现浇钢筋混凝土作为防水层，并长期储水的屋面叫蓄水屋面。混凝土长期浸在水中可避免碳化、开裂，提高耐久性。蓄水屋面可隔热降温，还可养殖鱼虾而获经济效益。水池池底和池壁应一次浇成，振捣密实，初凝后立即注水养护。水池的长度与宽度超过40m时，应设置变形缝。水深以200～600mm为宜，水源主要利用天然雨水，还应另补人工水源，溢水口应与檐沟及雨水管相接。

（四）种植屋面

在屋面防水层上覆盖种植土，可提高屋顶的隔热、保温性能，还有利于屋面防水防渗、保护防水层。种植土可栽培花草或农作物，有利于美化环境、净化空气，且有经济效益，但增加了屋顶的荷载。屋面种植用水除利用天然降雨外，应另补人工水源。预制板屋顶上须现浇配筋混凝土，并一次浇成。

（五）倒置式屋面

倒置式屋面指保温层设置在防水层上的屋面，其构造层次为保温层、防水层、结构层。这种屋面对采用的保温材料有特殊的要求，应当使用吸湿性低、气候性强的憎水材料作为保温层（如聚苯乙烯泡沫塑料板或聚氨酯泡沫塑料板），并在保温层上加设钢筋混凝土、卵石、砖等较重的覆盖层。

五、常见屋面渗漏防治方法

（一）屋面渗漏的原因

山墙、女儿墙和突出屋面的烟囱等墙体与防水层相交部漏水、天沟漏水、屋面变形缝（伸缩缝、沉降缝）处漏水、挑檐及檐口处漏水、雨水口处漏水、厕所及厨房的通气管根部漏水。

（二）屋面渗漏的防治方法

女儿墙压顶开裂时，可铲除开裂压顶的砂浆，重抹1：2～2.5水泥砂浆，并做好滴水线，有条件者可换成预制钢筋混凝土压顶板。突出屋面的烟囱、山墙、管根等与屋面交接处、转角处做成钝角，垂直面与屋面的卷材应分层搭接。对已漏水的部位，可将转角渗漏处的卷材割开，并分层将旧卷材烤干剥离，清除原有沥青胶。突出屋面管道漏雨：管根处做成钝角，并建议设计单位加做防雨罩，使油毡在防雨罩下收头。檐口漏雨：将檐口处旧卷材掀起，用 24 号镀锌薄钢板将其钉于檐口，将新卷材贴于薄钢板上。雨水口漏雨渗水：将雨水斗四周卷材铲除，检查短管是否紧贴基层板面或铁水盘。如短管浮搁在找平层上，则将找平层凿掉，清除后安装好短管，再用搭槎法重做三毡四油防水层，然后进行雨水斗附近卷材的收口和包贴。如用铸铁弯头代替雨水斗，则须将弯头凿开取出，清理干净后安装弯头，再铺油毡（或卷材）一层，其伸入弯头内应大于 50mm，最后做防水层至弯头内，并与弯头端部搭接顺畅、抹压密实。

第二节　地下防水工程

地下防水工程是防止地下水对地下构筑物或建筑物基础的长期浸透，保证地下构筑物或建筑物功能正常发挥的一项重要工程。由于地下工程常年受到地表水、潜水、上层滞水、毛细管水等的作用，所以地下工程防水要求比屋面防水工程要求更高，防水技术难度更大。如何正确选择合理有效的防水方案成为地下防水工程中的首要问题。

地下工程的防水等级分四级，各级标准应符合表 6-4 的规定。

表 6-4　地下工程防水等级标准及适用范围

防水等级	标准	适用范围
一级	不允许渗水，结构表面无湿渍	人员长期停留的场所；因有少量湿渍会使物品变质、失效的储物场所及严重影响设备正常运转和危及工程安全运营的部位；极重要的战备工程
二级	不允许渗水，结构表面可有少量湿渍。工业与民用建筑：总湿渍面积不应大于总防水面积（包括顶板、墙面、地面）的 1/1000；任意 $100m^2$ 防水面积上湿渍不超过 1 处，单个湿渍的最大面积不大于 $0.1m^2$。其他地下工程：总湿渍面积不应大于总防水面积的 6/1000；任意 $100m^2$ 防水面积上的湿渍不超过 4 处，单个湿渍的最大面积不大于 $0.2m^2$	人员经常活动的场所；在有少量湿渍的情况下不会使物品变质、失效的储物场所及基本不影响设备正常运转和工程安全运营的部位；重要的战备工程
三级	有少量漏水点，不得有线流和漏泥砂，任意 $100m^2$ 防水面积上的漏水点不超过 7 处，单个漏水点的最大漏水量不大于 $2.5L/m^2 \cdot d$，单个湿渍的最大面积不大于 $0.3m^2$	人员临时活动的场所，一般战备工程

续表

防水等级	标准	适用范围
四级	有漏水点,不得有线流和漏泥砂,整个工程平均漏水量不大于 $2L/m^2 \cdot d$;任意 $100m^2$ 防水面积的平均漏水量不大于 $4L/m^2 \cdot d$	对渗漏水无严格要求的工程

一、防水方案及防水措施

（一）防水方案

地下工程的防水方案,应遵循"防、排、截、堵结合,刚柔相济、因地制宜、综合治理"的原则。常用的防水方案有结构自防水、设防水层、渗排水防水三类。

（二）防水措施

地下工程的钢筋混凝土结构应采用防水混凝土,并根据防水等级的要求采用防水措施。防水措施应根据地下工程开挖方式确定。

二、结构主体防水的施工

（一）防水混凝土结构的施工

防水混凝土适用于一般工业与民用建筑物的地下室、地下水泵房、水池、水塔、大型设备基础、沉箱、地下连续墙等防水建筑;防水混凝土不适用于裂缝宽度大于 0.2mm,并有贯通裂缝的混凝土结构;防水混凝土结构不可能没有裂缝,但裂缝宽度控制太小,如在 0.1mm 以内,则结构配筋率增大,造价提高,钢筋稠密,混凝土浇筑困难,出现振捣不密实等缺陷,反而对混凝土抗渗性不利;防水混凝土不适用于遭受剧烈振动或冲击的结构,振动和冲击使得结构内部产生拉应力,当拉应力大于混凝土自身抗拉强度时,就会出现结构裂缝,产生渗漏现象;防水混凝土的环境温度不得高于80℃,一般应控制在50℃～60℃,最好接近常温,这主要是因为防水混凝土抗渗性随着温度升高而降低,温度越高降低越明显。

1. 防水混凝土的种类

（1）普通防水混凝土

普通防水混凝土是一种富砂浆混凝土,在粗骨料周围形成一定浓度和良好质量的砂浆包裹层,混凝土硬化后,骨料和骨料之间的孔隙被具有一定密度的水泥砂浆填充,并切断混凝土内部沿粗骨料表面连通毛细渗水通路。

（2）外加剂防水混凝土（增加密实度和抗渗性）

混凝土中掺入一定量的外加剂，以改善混凝土内部结构，提高混凝土密实度和抗渗性。

（3）补偿收缩混凝土

在混凝土中掺入适量膨胀剂或用膨胀水泥配制而成的一种微膨胀混凝土。它以本身适度膨胀抵消收缩裂缝，同时改善孔隙结构，降低孔隙率，减小开裂，使混凝土有较高的抗渗性能。常用的膨胀剂有 U 型混凝土膨胀剂（UEA）、明矾石膨胀剂、明矾石膨胀水泥、石膏矾土膨胀水泥等。

2. 防水混凝土工程的施工

①防水混凝土迎水面钢筋保护层的厚度不小于 50mm。绑扎钢筋的铅丝应向里侧弯曲，不要外露。

②必须按试验室制定的配料单严格控制各种材料用量，不得随意增加，各种外加剂应稀释成较小浓度的溶液后再加入搅拌机内，严禁将外加剂干粉或者高浓度溶液直接加到搅拌机内，但膨胀剂应以干粉加入。

③混凝土的搅拌必须采用机械搅拌，时间不应小于 2min，掺外加剂时应根据其技术要求确定搅拌时间，如混凝土出现离析现象，必须进行二次搅拌。混凝土的浇筑高度不超过 1.5m，否则应用溜槽或串筒等。混凝土浇筑应分层，每层厚度不超过 250mm，但板底处可为 300～400mm，斜坡不应超过 1/7。防水混凝土掺引气剂、减水剂时应采用高频插入式振捣器振捣，振捣时间为 10～30s，以混凝土泛浆和不冒气泡为准，应避免漏振、欠振和超振。防水混凝土终凝后应立即进行养护，养护时间不少于 14d。

④防水混凝土施工缝留设及施工注意的问题。

防水混凝土应连续浇筑，宜少留施工缝。留设施工缝应遵守下列原则：墙体应留水平施工缝，而且应留在剪力与弯矩最小处或底板与侧墙的交接处，应留在高出底板表面不小于 300mm 的墙体上。拱（板）墙结合的水平施工缝，宜留在拱（板）墙接缝线以下 150～300mm 处。墙体有预留孔洞时，施工缝距孔洞边缘不应小于 300mm。垂直施工缝应避开地下水和裂隙水较多的地段，并尽量与变形缝相结合。

施工缝施工的操作要求：水平施工缝与垂直施工缝浇灌混凝土前，应将其表面浮浆和杂物清除，再铺 30～50mm 厚的 1：1 水泥砂浆或涂刷混凝土界面处理剂，并及时浇灌混凝土。遇水膨胀止水条应具有缓胀性能，其 7d 的膨胀率不应大于最终膨胀率的 60%，而且应保证位置准确、固定牢靠。

防水混凝土结构内部设置的各种钢筋或绑扎铁丝，不得接触模板。固定模板用的螺栓必须穿过防水混凝土时，可以采用工具式螺栓或螺栓加堵头，螺栓应加焊方形止水环。

⑤穿墙管（盒）施工与构造。混凝土浇筑前应先预埋穿墙管（盒），与内墙凹凸部

位的距离应大于 250mm；结构变形或管道伸缩量较小时，可以将穿墙管（盒）直接埋入混凝土内，采用固定式防水法，并预留凹槽，用嵌缝材料嵌填密实；结构变形或管道伸缩量较大或有更换要求时，应采用套管式防水法，套管应加焊止水环。穿墙管较多时，管与管之间距离应大于 300mm。钢止水环加工完成后，在其外壁刷防锈漆两遍，预留洞口后埋穿墙部分的混凝土必须捣实严密。柔性防水管道一般用于管道穿过墙壁之处受震动或有严密防水要求的建筑物。

（二）水泥砂浆防水层的施工

种类：普通防水砂浆、聚合物水泥砂浆和掺外加剂或掺和料的防水砂浆。

特点：高强度、抗刺穿、湿黏性等。

适用范围：埋置深度较大，沉降较大，温度、湿度变化较大，受震动或冲击荷载等防水工程不宜采用。

做法：水泥砂浆防水层可采用人工多层抹压施工，而且可以与其他防水方法叠层使用。

规定：所用材料应符合《地下工程防水技术规范》的有关规定。

操作要点：

第一，水泥砂浆不得在雨天及 5 级以上大风中施工；冬季施工时，气温不得低于 5℃，且基层表面温度应保持在 0℃以上；夏季，不应在 35℃以上或烈日照射下施工。

第二，基层表面应平整、坚实、粗糙、清洁，并充分湿润，一般混凝土应提前一天浇水，应无积水。新浇混凝土拆模后应立即用钢丝刷将混凝土表面扫毛，基层表面的孔洞、缝隙应用与防水层相同的砂浆堵塞抹平。

第三，预埋件、穿墙管预留凹槽内嵌填密封材料后，再抹防水砂浆层。

第四，掺外加剂、掺和料、聚合物等防水砂浆配合比和施工方法应符合所掺材料的规定。

第五，水泥砂浆防水层各层应紧密贴合，每层应连续施工；如必须留茬，采用阶梯形茬，但离阴阳角处不得小于 200mm；接茬应依层次顺序操作，层层搭接紧密。

第六，所有阴阳角处要求用大于 1：1.25 水泥砂浆做成圆角以利于防水层形成封闭整体。

第七，水泥砂浆防水层施工完毕后要及时养护。聚合物水泥砂浆防水层未达到硬化状态时，不得浇水养护或直接受雨水冲刷，硬化后应采用干湿交替养护，在潮湿环境中可在自然状态下养护。

（三）卷材防水层施工

1. 卷材防水层的使用范围和施工条件

卷材防水层用于受侵蚀性介质作用或受震动作用的地下工程防水，经常承受的压力不超过 0.5N/mm^2 和经常保持不小于 0.01N/mm^2 的侧压力，才能发挥防水的有效作用。卷材应铺设在混凝土结构主体的迎水面，即结构主体底板垫层至墙体顶端的基面上，在外围形成封闭的防水层。

2. 铺贴方案

地下防水工程一般把卷材防水层设置在建筑结构的外侧迎水面上，这种防水层可以借助土压力压紧，并与结构一起抵抗有压地下水的渗透和侵蚀作用，防水效果良好，使用比较广泛。

（1）外防外贴法

外防外贴法指将立面卷材防水层铺设在防水外墙结构的外表面。

外防外贴法施工要点：在垫层上铺设防水层后，再进行底板和结构主体施工，然后砌筑永久性保护墙，高度为防水结构底板厚度加 100mm，墙底应铺设（干铺）一层防水卷材，上部用 30mm 厚聚苯板做保护层，高度为 200mm 左右。永久性保护墙及聚苯板用 1：3 水泥砂浆抹灰找平，保护墙沿长度方向 5～6m 和转角处应断开，断缝处嵌入卷材条或沥青麻丝。

高聚物改性沥青卷材铺设用热熔法施工，施工时应注意卷材与基层接触面加热均匀；合成高分子卷材铺设可用冷粘法施工，施工时应注意胶黏剂与卷材性能相容性，而且胶黏剂要涂刷均匀。

在立面与平面的转角处，接缝应留在平面上，距立面墙体不小于 600mm。双层卷材不得垂直铺贴，上下两层或相邻两卷材的接缝应相互错开 1/3～1/2 幅宽；卷材长边与短边的搭接长度不应小于 100mm。交接处应交叉搭接；转角处应粘贴一层附加层，应先铺平面，后铺立面，并采取立面防滑措施。

（2）外防内贴法

外防内贴法指混凝土垫层浇筑完成后，在垫层上砌筑永久性保护墙，然后将卷材铺设在垫层和永久性保护墙上。

外防内贴法施工要点：保护墙砌完后，用 1：3 水泥砂浆在永久性保护墙和垫层上抹灰找平。垫层与永久性保护墙接触部分应平铺一层卷材。找平层干燥后即可涂刷基层处理剂，干燥后铺贴卷材防水层，卷材宜选用高聚物改性沥青聚酯油毡或高分子防水卷材，应先铺立面，后铺平面，先铺转角，后铺大面。所有的转角处应铺设附加层，附加层采用抗拉强度较高的卷材，铺贴应仔细，粘贴应紧密。卷材铺贴完工后应做好成品保护工作，立面可抹水泥砂浆，贴塑料板或其他可靠材料；平面可抹 20mm 厚的水泥砂浆或浇筑 30～50mm 厚的细石混凝土，待结构完工后，进行回填土工作。

三、结构细部构造防水的施工

（一）变形缝

对止水材料的基本要求是：适应变形能力强、防水性能好、耐久性高、与混凝土黏结牢固等。

常见的变形缝止水带有橡胶止水带、塑料止水带、氯丁橡胶止水带和金属止水带（如镀锌钢板等）。

止水带的构造形式通常有埋入式、可卸式、粘贴式等，目前采用较多的是埋入式。

（二）后浇带

后浇带的混凝土施工，应在两侧混凝土浇筑完毕并养护 6 个星期，待混凝土收缩变形基本稳定后再进行。高层建筑的后浇带应在结构顶板浇筑混凝土 4d 后再施工。浇筑前应将接缝处混凝土表面凿毛并清洗干净，保持湿润；浇筑的混凝土应优先选用补偿收缩混凝土，其强度等级不得低于两侧混凝土的强度等级；施工期的温度应低于两侧混凝土施工时的温度，而且宜选择在气温较低的季节施工；浇筑后的混凝土养护时间不应少于 4 个星期。

四、地下防水工程渗漏及防治方法

（一）防水混凝土结构渗漏部位、原因及防治方法

结构自防水顾名思义就是依靠混凝土自身的密实度抵抗地下水的侵蚀，但是由于施工原因，混凝土结构自身的缺陷常造成渗漏。

第一，混凝土蜂窝、麻面、露筋、孔洞等造成地下室渗水。

第二，混凝土结构的施工缝产生渗漏。

第三，混凝土裂缝产生渗漏。

第四，预埋件部位产生渗漏，原因有预埋件过密，预埋件周围混凝土振捣不密实；在混凝土终凝前碰撞预埋件，使预埋件松动；预埋件铁脚过长，穿透混凝土层，又未按规定焊好止水环；预埋管道自身有裂缝、砂眼等，地下水通过管壁渗漏等。

第五，地下室的后浇带处理不合理造成渗漏。

第六，地下室外墙的穿墙螺栓眼位置处理不当造成渗漏。

防治方法：

第一，混凝土蜂窝、麻面、露筋、孔洞等造成地下室渗水，主要原因是配合比不准，坍落度过小，长距离运输和自由入模高度过高，造成混凝土离析；局部钢筋密集或预留洞口的下部混凝土无法进入，振捣不实或漏振，跑模漏浆等。针对以上情况，混凝土应严格计量，搅拌均匀，长距离运输后要进行二次搅拌。对于自由入模高度过高者，应使用串筒、

溜槽，浇筑应按施工方案分层进行，振捣密实。对于钢筋密集处，可调整石子级配，较大的预留洞下，应预留浇筑口。模板应支设牢固，在混凝土浇筑过程中，应指派专人值班"看模"。

第二，混凝土结构的施工缝也是极易发生渗水的部位，其渗水原因主要为施工缝留设位置不当；施工缝清理不净，新旧混凝土未能很好结合；钢筋过密，混凝土捣实有困难等。防止施工缝渗水可采取以下措施：首先，施工缝应按规定位置留设，墙面水平施工缝加止水条，防水薄弱部位及底板上不应留设施工缝，墙板上如必须留设垂直施工缝，应与变形缝相一致；其次，施工缝的留设、清理及新旧混凝土的接浆等应有统一部署，由专人认真细致地做好。此外，设计人员在确定钢筋布置位置和墙体厚度时，应考虑方便施工，以保证工程质量。如发现施工缝渗水，可采用防水堵漏技术进行修补。

（二）卷材防水层渗漏部位、原因及防治方法

第一，地下室底板结构复杂，卷材防水层施工时，卷材施工不到位，造成底板漏水。

第二，含有地下水的底板，由于降水不到位，混凝土垫层潮湿，造成涂刷的冷底子油不粘，致使防水卷材与垫层无法结合成一体，造成底板渗水。

第三，基础为桩基础的，桩头防水处理不好，造成底板渗水。

第四，地下室外墙混凝土浇筑完毕，拆模后，还未等混凝土表面干透，就开始做防水，造成卷材与墙体不黏结，致使墙体卷材渗漏。

第五，做卷材防水时，卷材搭接不够，阴阳角附加毡做得不规矩，这些部位容易被破坏，致使漏水。

第六，外墙回填土时，防水保护层对卷材造成挤压，致使卷材破坏，造成墙体渗水。

防治方法：

第一，地下室底板结构复杂，卷材防水层施工时，卷材施工不到位，造成底板漏水。防治措施：重点加强集水坑、电梯井坑、底板高低差位置的阴阳角处理，为了保证卷材做到位，这些位置均应抹成八字面，卷材附加层经检查合格后，开始大面积做防水卷材。从混凝土底板下甩出的卷材可刷油铺贴在永久保护墙上，但超出永久保护墙的卷材不刷油铺实，而是用附加保护油毡包裹压在基础底板上，待基础施工完毕后撕去保护油毡再刷油在地下室外墙上铺实。地下室外墙上的防水保护层用 20～50mm 聚氯乙烯泡沫塑料板代替砖墙保护层，聚氯乙烯泡沫塑料板是软保护层，能缓冲和吸收回填土压力对防水层的破坏，且软保护层对防水层的约束力较小，能保证防水层与建筑物同步沉降，不破坏防水层。

第二，含有地下水的底板，由于降水不到位，混凝土垫层潮湿，造成涂刷的冷底子油不粘，致使防水卷材与垫层无法结合成一体，造成卷材空鼓，底板渗水。防治措施：加强降水力度，地下水位降至垫层以下不少于500mm，保持混凝土表面干燥洁净，在铺贴前1～2

天涂刷 1～2 道冷底子油，保证底油不起泡，至施工人员在上行走时不把混凝土表面带起来时，开始做防水卷材，采用火焰加热器熔化热熔型卷材底层热熔胶进行粘贴，铺贴时卷材与基层宜采用满粘法，随热熔随粘贴，滚铺卷材的部位必须溢出沥青热熔胶，保证粘贴面牢固。

（三）变形缝处渗漏部位、原因及防治方法

建筑物结构断面变化处通常设变形缝，变形缝受气温变化、基础不均匀下沉等因素影响，会使主体结构产生沉降和伸缩现象。为使在变形条件下不渗水，变形缝防水设计要满足密封防水、适应变形的要求。

变形缝有沉降缝和伸缩缝两种，是地下工程重要的防水部位。变形缝力求形式简单，目前常用的变形缝防水构造为埋入式橡胶止水带或后埋式止水带。由于施工条件限制、防水材料质量差以及施工方法不合理等诸多因素的影响，变形缝出现渗漏水，使得地下工程不能充分利用。

防治方法：

第一，清除止水带周围的杂物，检查止水带有无损坏，再浇筑混凝土。

第二，埋入式止水带按设计规定固定，位置准确，严禁止水带中心圆环处穿孔，变形缝的木丝板要对准中心圆环处。

第三，底板混凝土垫层要振捣密实，埋入式止水带由中部向两侧挤压按实，再浇筑混凝土；墙壁上的止水带周围应加强振捣，防止粗骨料集中，必要时采用大体积流动混凝土。

第四，后埋式止水带凹槽的宽度和深度尽量大些，变形缝木丝板要对准止水带中心环以延长渗水路径；凹槽不合格要重新剔槽，凹槽内做抹面防水层，防水层表面应为麻面，转角处做成半径为 15～20mm 的圆角。

第五，后埋式止水带铺贴时，凹槽内用 5mm 水泥砂浆抹一层，沿底板中部向两侧铺贴，用手按实，赶出气泡，表面再用稠的水泥浆抹严实。

第六，混凝土覆盖层应在后埋式止水带铺贴后立即浇筑，配合比宜小不宜大，以减少收缩。

第七，为确保变形对覆盖层按设计位置开裂，覆盖层的中间应用木板或木丝板隔开。

第三节　卫生间防水工程

一、卫生间楼地面聚氨酯防水施工

（一）基层处理

卫生间的防水基层必须用 1：3 的水泥砂浆找平，要求抹平、压光、无空鼓，表面要坚实，不应有起砂、掉灰现象。在抹找平层时，管道根部周围应略高于地面，地漏周围应做成略低于地面的洼坑。找平层的坡度以 2%～5% 为宜，坡向地漏。凡遇到阴、阳角处，要抹成半径不小于 10mm 的小圆弧。与找平层相连接的管件、卫生洁具、排水口等，必须安装牢固，收头圆滑，按设计要求用密封膏嵌固。基层必须基本干燥，一般在基层表面均匀泛白、无明显水印时，才能进行涂膜防水层施工。施工前要把基层表面的尘土、杂物彻底清扫干净。

（二）施工工艺

1. 清理基层

须做防水处理的基层表面必须彻底清扫干净。

2. 涂布底胶

将聚氨酯甲、乙两组分别和二甲苯按 1：1.5：2 的比例（重量比，以产品说明书为准）配制，搅拌均匀，再用小滚刷或油漆刷均匀涂布在基层表面。涂刷量 0.15～0.2kg/m^2，涂刷后应干燥固化 4h 以上，才能进行下道工序施工。

3. 配制聚氨酯涂膜防水涂料

将聚氨酯甲、乙两组分别和二甲苯按 1：1.5：0.3 的比例配合，用电动搅拌器强力搅拌均匀备用。应随配随用，一般在 2h 内用完。

4. 涂膜防水层施工

用小滚刷或油漆刷将已配好的防水涂料均匀涂布在底胶已干固的基层表面。涂完第一遍涂膜后，一般须固化 5h 以上，在基本不粘手时，再按上述方法涂布第二、三、四遍涂膜，并使后一遍与前一遍的涂布方向相垂直。对管子根部、地漏周围以及墙转角部位，必须认真涂刷，涂刷厚度不小于 2mm。在最后一遍涂膜固化前及时稀撒少许干净的粒径为 2～3mm

的小豆石，使其与涂膜防水层黏结牢固，作为与水泥砂浆保护层黏结的过渡层。

5.做好保护层

当聚氨酯涂膜防水层完全固化和蓄水试验合格后，即可铺设一层厚度为 15～25mm 的水泥砂浆保护层，然后按设计要求铺设饰面层。

（三）质量要求

聚氨酯涂膜防水材料的技术性能应符合设计要求或材料标准规定，并应附有质量证明文件和现场取样试验报告以及其他有关质量的证明文件。聚氨酯的甲、乙料必须密封存放，甲料开盖后，吸收空气中的水分会起反应而固化，如在施工中混有水分，则聚氨酯固化后内部会有水泡，影响防水能力。涂膜厚度应均匀一致，总厚度不应小于 1.5mm。涂膜防水层必须均匀固化，不应有明显的凹坑、气泡和渗漏水现象。

二、卫生间楼地面氯丁胶乳沥青防水涂料施工

氯丁胶乳沥青防水涂料是以氯丁橡胶和沥青为基料，经加工合成的一种水乳型防水涂料。它兼有橡胶和沥青的双重优点，具有防水、抗渗、耐老化、不易燃、无毒、抗基层变形能力强等优点，冷作业施工，操作方便。

（一）基层处理

与聚氨酯防水施工要求相同。

（二）工艺流程

基层找平处理→满刮一遍氯丁胶乳沥青防水涂料→做细部构造加强层→铺贴玻璃布，同时刷第二遍涂料→刷第三遍涂料→铺贴玻璃纤维网格布，同时刷第四遍涂料→刷第五遍涂料→刷第六遍涂料并及时撒砂粒→蓄水试验→按设计要求做保护层和面层→防水层二次试水，验收。

（三）质量要求

水泥砂浆找平层做完后，应对其平整度、强度、坡度和干燥度进行预检验收。防水涂料应有产品质量证明书以及现场取样的复检报告。施工完成的氯丁胶乳沥青涂膜防水层不得有起鼓、裂纹、孔洞缺陷。末端收头部位应粘贴牢固、封闭严密，成为一个整体的防水层。做完防水层的卫生间，经 24h 以上的蓄水试验，无渗漏水现象方为合格。要提供检查验收记录，连同材料质量证明文件等技术资料一并归档备查。

三、卫生间涂膜防水层施工注意事项

施工用材料有毒性，存放材料的仓库和施工现场必须通风良好，无通风条件的地方必须安装机械通风设备。

施工材料多属易燃物质，存放、配料以及施工现场必须严禁烟火，现场要配备足够的消防器材。在施工过程中，严禁上人踩踏未完全干燥的涂膜防水层。操作人员应穿平底胶布鞋，以免损坏涂膜防水层。

凡须做附加补强层的部位应先施工，再进行大面防水层施工。

已完工的涂膜防水层，必须经蓄水试验无渗漏现象后，方可进行刚性保护层的施工。进行刚性保护层施工时，切勿损坏防水层，以免留下渗漏隐患。

四、卫生间渗漏与堵漏措施

（一）板面及墙面渗水

1. 原因

混凝土、砂浆施工质量不良，存在微孔渗漏；板面、隔墙出现轻微裂缝；防水涂层施工质量不好或被损坏。

2. 堵漏措施

①拆除卫生间渗漏部位饰面材料，涂刷防水涂料。

②如有开裂现象，应先对裂缝进行增强防水处理，再刷防水涂料。

③当渗漏不严重、饰面拆除困难时，也可直接在其表面刮涂透明或彩色聚氨酯防水涂料。

（二）卫生洁具及穿楼板管道、排水管口等部位渗漏

1. 原因

细部处理方法欠妥，卫生洁具及管口周边填塞不严；管口连接件老化；由于振动及砂浆、混凝土收缩等，出现裂隙；卫生洁具及管口周边未用弹性材料处理，或施工时嵌缝材料及防水涂料黏结不牢；嵌缝材料及防水涂层被拉裂或拉离黏结面。

2. 堵漏措施

①将漏水部位彻底清理，刮填弹性嵌缝材料。

②在渗漏部位涂刷防水涂料，并粘贴纤维材料。

③更换老化管口连接件。

第七章　建筑工程项目进度管理

第一节　工程施工进度管理概述

了解工程施工进度管理的指标、基本原理、目标和任务，是项目负责人拟订施工进度计划、进度控制方案的首要前提。由于施工进度与成本、质量息息相关，在工程建设过程中，进度管理始终处于一个动态的过程，并贯穿始终。

一、进度与进度管理的概念

（一）进度与进度指标

进度通常是指工程项目实施结果的进展情况。在工程项目实施过程中，要消耗时间（工期）、劳动力、材料、成本等才能完成项目的任务，项目实施结果应该以项目任务的完成情况（如工程的数量）来表达。但由于工程项目对象系统（技术系统）的复杂性，常常很难选定一个恰当、统一的指标来全面反映工程的进度。同时，可能会出现时间和费用与计划都吻合但工程实物进度（工作量）未达到目标，则后期就必须投入更多的时间和费用。

在现代工程项目管理中，人们已赋予进度以综合的含义，即将工程项目任务、工期、成本有机地结合起来，形成一个综合指标，能全面反映项目的实施状况。工程活动包括项目结构图上各个层次的单元，上自整个项目，下至各个具体工作单元（有时直至最低层次网络上的工程活动）。项目进度状况通常是通过各工程活动进度（完成百分比）逐层统计汇总计算得到的。进度指标的确定对进度的表达、计算、控制有很大的影响，通常人们用以下几种量来描述进度：

1. 持续时间

人们常用已经使用的工期与工程的计划工期相比较来描述工程完成程度，但同时应注意区分工期与进度在概念上的不一致性。工程的效率和速度不是一条直线，一般情况下，工程项目开始时工作效率很低、工程速度较低；到工程中期投入最大，工程速度最快；而后期投入又较少。所以，工期进行一半，并不能表示进度达到了一半，在已进行的工期中，有时还存在各种停工、窝工等工程干扰因素，实际效率远低于计划的工作效率。

2. 工程活动的结果状态数量

这主要针对专门的领域，其生产对象和工程活动都比较简单。如混凝土工程按体积、管道按长度、预制件按数量、土石方按体积或运载量等计算。特别是当项目的任务仅为完成某个分部工程时，以此为指标比较客观地反映实际状况。

3. 共同适用的某个工程计量单位

由于一个工程有不同的工作单元、子项目，它们有不同性质的工程，必须挑选一个共同的、对所有工作单元都适用的计量单位，最常用的有劳动工时的消耗、成本等。它们有统一性和较好的可比性，即各个工程活动直到整个项目都可用它们作为指标，这样可以统一分析尺度。

（二）进度管理

工程项目进度管理是指根据进度目标的要求，对工程项目各阶段的工作内容、工作程序、持续时间和衔接关系编制计划，将该计划付诸实施；在实施的过程中，经常检查实际工作是否按计划要求进行，对出现的偏差分析原因，采取补救措施或调整、修改原计划直至工程竣工、交付使用。进度管理的最终目的是确保项目工期目标的实现。

工程项目进度管理是建筑工程项目管理的一项核心管理职能。由于建筑项目是在开放的环境中进行的，置身于特殊的法律环境之下，且生产过程中的人员、工具与设备的流动性、产品的单件性等都决定了进度管理的复杂性及动态性，必须加强项目实施过程中的跟踪控制。进度控制与质量控制、投资控制是工程项目建设中并列的三大目标，它们之间有着密切的相互依赖和制约关系。通常，进度加快，需要增加投资，但工程能提前使用就可以提高投资效益；进度加快有可能影响工程质量，而质量控制严格则有可能影响进度，但如因质量的严格控制而不致返工，又会加快进度。因此，项目管理者在实施进度管理工作中，要对三个目标全面、系统地加以考虑，正确处理好进度、质量和投资的关系，提高工程建设的综合效益。特别是对一些投资较大的工程，在采取进度控制措施时，要特别注意其对成本和质量的影响。

二、项目进度管理基本原理、目标和任务

（一）项目进度管理的基本原理

1. 系统原理

项目进度计划的编制受诸多因素的影响，不能只考虑某一个（或某几个）因素；项目进度控制组织和项目进度实施组织也具有系统性，项目进度管理应综合考虑各种因素

的影响。

2. 动态控制原理

由于工程建设的复杂性，实际进度与计划进度会发生偏差，要分析和总结偏差产生的原因，及时采取恰当的方法调整和优化原来的进度计划，使两者在新起点上重合，并按新计划实施。但在新的干扰因素作用下，又需要对进度计划进行调整，如此反复循环、不断优化，直至项目目标实现。

3. 信息反馈原理

与项目进度相关的管理人员在各自分工的职责范围内，将实际进度信息加工、整理后，上报、反馈到项目经理部。项目经理部统计和整理各方面信息，通过比较、分析做出决策。调整施工进度计划，使其仍符合预先制定的工期目标。

4. 弹性原理

项目进度计划编制人员应充分掌握影响进度的原因。在确定项目进度目标时，充分分析实施过程中潜在的风险，为编制项目进度计划预留空间，使其更具有弹性，便于应对不确定因素的影响。

（二）目标和任务

进度管理的目的是通过控制实现工程的进度目标。通过进度计划控制，可以有效地保证进度计划的落实与执行，减少各单位和部门之间的相互干扰，确保施工项目工期目标以及质量、成本目标的实现，同时，也为可能出现的施工索赔提供依据。

施工项目进度管理是项目施工中的重点控制环节之一，它是保证施工项目按期完成、合理安排资源供应和节约工程成本的重要措施。建筑工程项目不同的参与方都有各自的进度控制任务，但都应该围绕投资者早日发挥投资效益的总目标去展开。建筑工程项目不同参与方的进度管理任务见表 7-1。

表 7-1　不同参与方的进度管理任务

参与方名称	任务	进度涉及时段
业主方	控制整个项目实施阶段的进度	设计准备阶段、设计阶段、施工阶段、物资采购阶段、动用前准备阶段
设计方	根据设计任务委托合同控制设计进度，并能满足施工、招投标、物资采购进度协调	设计阶段
施工方	根据施工任务委托合同控制施工进度	施工阶段
供货方	根据供货合同控制供货进度	物资采购阶段

三、进度管理的内容与目标的制定

（一）进度管理的内容

第一，项目进度计划。工程项目进度计划包括项目的前期、设计、施工和使用前的准备等内容。项目进度计划的主要内容就是制订各级项目进度计划，包括进行总控制的项目总进度计划、进行中间控制的项目分阶段进度计划和进行详细控制的各子项进度计划，并对这些进度计划进行优化，以达到对这些项目进度计划的有效控制。第二，项目进度实施。工程项目进度实施就是在资金、技术、合同、管理信息等方面进度保证措施落实的前提下，使项目进度按照计划实施。施工过程中存在各种干扰因素，其将使项目进度的实施结果偏离进度计划，项目进度实施的任务就是预测这些干扰因素，对其风险程度进行分析，并采取预控措施，以保证实际进度与计划进度吻合。第三，项目进度检查。工程项目进度检查的目的是了解和掌握建筑工程项目进度计划在实施过程中的变化趋势和偏差程度，其主要内容有跟踪检查、数据采集和偏差分析。第四，项目进度调整。工程项目进度调整是整个项目进度控制中最困难、最关键的内容。其包括以下几方面的内容：偏差分析，分析影响进度的各种因素和产生偏差的前因后果；动态调整，寻求进度调整的约束条件和可行方案；优化控制，调控的目标是使进度、费用变化最小，达到或接近进度计划的优化控制目标。

（二）目标的制定

进度管理目标的制定应在项目分解的基础上进行，其包括项目进度总目标和分阶段目标，也可根据需要确定年、季、月、旬（周）目标，里程碑事件目标等。里程碑事件目标是指关键工作的开始时刻或完成时刻。

在确定施工进度管理目标时，必须全面细致地分析与建设工程进度有关的各种有利因素和不利因素，只有这样才能制定出一个科学、合理的进度管理目标。确定施工进度管理目标的主要依据有：建设工程总进度目标对施工工期的要求，工期定额、类似工程项目的实际进度，工程难易程度和工程条件的现实情况等。

在确定施工进度分解目标时，还应考虑以下几方面：第一，对于大型建筑工程项目，应根据尽早提供可动用单元的原则，集中力量分期分批建设，以便尽早投入使用，尽快发挥投资效益。这时，为保证每一动用单元能形成完整的生产能力，就要考虑这些动用单元交付使用时所必需的全部配套项目。因此，要处理好前期动用和后期建设的关系、每期工程中主体工程与辅助及附属工程之间的关系等。第二，结合本工程的特点，参考同类建设工程的经验来确定施工进度目标，避免只按主观愿望盲目确定进度目标，从而在实施过程中造成进度失控。第三，合理安排土建与设备的综合施工。按照它们各自的特点，合理安排土建施工与设备基础、设备安装的先后顺序及搭接、交叉或平行作业，明确设备工程对土建工程的要求和土建工程为设备工程提供施工条件的内容及时间。第四，做好资金供应能力、施工力量配备、物资（材料、构配件、设备）供应能力与施工进度的平衡工作，确保工程进度目标的要求，从而避免其落空。第五，考虑外部协作条件的配合情况，其包括施工过程中及项目竣工所需的水、电、气、通信、道路及其他社会服务项目的满足程度和满足时间。它们必须与有关项目的进度目标相协调。第六，考虑工程项目所在地区的地形、地质、水文、气象等方面的限制条件。

第二节　工程项目进度计划

工程项目进度计划是管理与控制工程项目施工工期的重要依据，项目进度计划的编制既包括施工总进度计划的编制，也包括单位工程施工进度计划的编制。同时，编制进度计划的方式有很多种，不同的工程类型，应根据自身的特点，采取合适的方法进行进度计划的编制。

一、工程项目施工进度计划的编制

（一）施工进度计划的表示方法

编制项目进度计划通常需要借助两种方式，即文字说明与各种进度计划图表，其中前者是用文字形式说明各时间阶段内应完成的项目建设任务，以及所要达到的项目进度要求；后者是指用图表形式来表达项目建设各项工作任务的具体时间顺序安排。根据图表形式的不同，项目进度计划的表达有横道图、斜线图、线型图、网络图等形式。

1.用横道图表示项目进度计划

横道图有水平指示图表和垂直指示图表两种。在水平指示图表中，横坐标表示流水施工的持续时间，纵坐标表示开展流水施工的施工过程，专业工作队的名称、编号和数目，呈梯形分布的水平线表示流水施工的开展情况；在垂直指示图表中，横坐标表示流水施工的持续时间，纵坐标表示开展流水施工所划分的施工段编号，n 条斜线段表示各专业工作队或施工过程开展流水施工的情况。

横道图表示法的优点是表达方式较直观、使用方便、很容易看懂、绘图简单方便、计算工作量小。其缺点是工序之间的逻辑关系不易表达清楚，适用于手工编制，不便于用计算机编制。由于不能进行严格的时间参数计算，故其不能确定计划的关键工作、关键线路与时差，计划调整只能采用手工方式，工作量较大。这种计划难以适应大进度计划系统的需要。

2. 用网络图表示项目进度计划

网络图的表达方式有单代号网络图和双代号网络图两种。单代号网络图是指组织网络图的各项工作由节点表示，以箭线表示各项工作的相互制约关系，采用这种符号从左向右绘制而成的网络图；双代号网络图是指组成网络图的各项工作由节点表示，以箭线表示工作的名称，将工作的名称写在箭线上方，将工作的持续时间（小时、天、周）写在箭线下方，箭尾表示工作的开始，箭头表示工作的结束，采用这种符号从左向右绘制而成的网络图。与横道图相比，网络图的优点是网络计划能明确表达各项工作之间的逻辑关系；通过网络时间参数的计算，可以找到关键线路和关键工作；通过网络时间参数的计算，可以明确各项工作的机动时间；网络计划可以利用电子计算机进行计算、优化和调整。其缺点是计算劳动力、资源消耗时间，与横道图相比较困难；不像横道计划那样直观明了，但这可以通过绘制时标网络计划得到弥补。

（二）施工总进度计划的编制程序

施工总进度计划一般是建设工程项目的施工进度计划，它是用来确定建设工程项目中所包含的各单位工程的施工顺序、施工时间及相互衔接关系的计划。编制施工总进度计划的依据包括：施工总方案、资源供应条件、各类定额资料、合同文件、工程项目建设总进度计划、工程动用时间目标、建设地区自然条件及有关技术经济资料等。

1. 计算工程量

根据批准的工程项目一览表，按单位工程分别计算其主要实物工程量，不仅是为了编制施工总进度计划，而且还为了编制施工方案和选择施工、运输机械，初步规划主要施工过程的流水施工，以及计算人工、施工机械及建筑材料的需要量。因此，工程量只须粗略计算即可。

2. 确定各单位工程的施工期限

各单位工程的施工期限应根据合同工期确定，同时还要考虑建筑类型、结构特征、施工方法、施工管理水平、施工机械化程度及施工现场条件等因素。如果在编制施工总进度计划时没有合同工期，则应保证计划工期不超过工期定额。

3. 确定各单位工程的搭接关系

确定各单位工程的开、竣工时间和相互搭接关系，主要应考虑以下几点：一是同一时期施工的项目不宜过多，以避免人力、物力过于分散；二是尽量做到均衡施工，以使劳动力、机械和材料的供应在整个工期范围内达到均衡；三是尽量提前建设可供工程施工使用的永久性工程，以节省临时工程费用；四是急需和关键的工程先施工，以保证工程项目如期交工，对于某些技术复杂、施工周期较长、施工困难较多的工程，亦应安排提前施工，以利于整个工程项目按期交付使用；五是施工顺序必须与主要生产系统投入生产的先后次序相吻合，同时还要安排好配套工程的施工时间，以保证建成的工程能迅速投入生产或交付使用；六是应注意季节对施工顺序的影响，使施工季节不导致工期拖延，不影响工程质量；七是安排一部分附属工程或零星项目作为后备项目，用以调整主要项目的施工进度；八是注意主要工种和主要施工机械能连续施工。

4. 编制初步施工总进度计划

施工总进度计划应安排全工地性的流水作业，全工地性的流水作业安排应以工程量大、工期长的单位工程为主导，组织若干条流水线，并以此带动其他工程。施工总进度计划既可以用横道图表示，也可以用网络图表示。由于采用网络计划技术控制工程进度更加有效，所以人们更多地开始采用网络图来表示施工总进度计划。特别是电子计算机的广泛应用，为网络计划技术的推广和普及创造了更加有利的条件。

5. 编制正式施工总进度计划

初步施工总进度计划编制完成后，要对其进行检查，主要是检查总工期是否符合要求，资源使用是否均衡且其供应是否能得到保证。如果出现问题，则应进行调整，调整的主要方法是改变某些工程的起止时间或调整主导工程的工期。如果是网络计划，则可以利用计算机分别进行工期优化、费用优化及资源优化。当初步施工总进度计划经过调整符合要求后，即可编制正式的施工总进度计划。

（三）单位工程施工进度计划编制程序

单位工程施工进度计划是在既定施工方案的基础上，根据规定的工期和各种资源供应条件，对单位工程中的各分部分项工程的施工顺序、施工起止时间及衔接关系进行合理安排的计划。其编制的主要依据包括：施工总进度计划、单位工程施工方案、合同工期或定额工期、施工定额、施工图和施工预算、施工现场条件、资源供应条件、气象资料等。

1. 划分工作项目

施工项目的划分主要考虑下述要求：

第一，施工项目划分粗细要求。施工项目划分的粗细程度主要取决于客观需要。一般来说，编制控制性施工进度计划时，项目可以划分得粗一些，只列出施工阶段及各施工阶段的分部工程名称。编制指导性施工进度计划时，项目则要求划分得细一些，特别是其中主导工程和主要分部工程，应尽量做到详细具体不漏项，这样便于掌握施工进度，指导施工。

第二，划分施工项目，要结合施工方案选择的要求。施工方案中所确定的施工开展程序、施工阶段划分、施工阶段各项主要施工工作及其施工方法，不仅关系到施工项目的名称、数量和内容的确定，而且也影响到施工顺序的安排，因为施工进度表中的项目顺序的排列，基本上是按照施工先后顺序列出的。例如，工业厂房基础施工，当选择采用敞开式施工方案时，则厂房柱基础和设备基础施工应同时进行，甚至可以合并为一个施工项目，如果组织施工时，一个先做，另一个跟着后施工，也可分列为两项；当选择采用封闭式施工方案时，则设备基础工程的若干施工过程应单独列出，而且它的施工开始时间（施工顺序）应当列在结构吊装工程完成之后，地面施工开始之前。

第三，抹灰工程应分、合相结合。多层结构的内、外抹灰应分别列出施工项目，内外有别，分、合相结合。外墙抹灰工程，可能有若干种装饰抹灰的做法，但一般情况下合并列为一项，如有瓷砖贴面等装饰，可分别列项；室内的各种抹灰，一般来说，要分别列项，如楼地面（包括踢脚线）抹灰、天棚及墙面抹灰、楼梯间及踏步抹灰等，以便组织安排，指导施工开展的先后顺序。

第四，现浇钢筋混凝土的列项要求。根据施工组织和结构特点，一般可分为支模、扎筋、浇筑混凝土等施工项目。现浇框架结构分项可细一些，如分为绑扎柱钢筋、安装柱模板、浇筑柱混凝土、安装梁模板、绑扎梁钢筋、浇筑梁混凝土、养护、拆模等施工项目。但在砖混结构中，现浇工程量不大的钢筋混凝土工程一般不再细分，可合并为一项，由施工班组各工种互相配合施工。

2. 确定施工顺序

确定施工顺序是为了按照施工的技术规律和合理的组织关系，解决各工作项目之间在时间上的先后和搭接问题，以达到保证质量、安全施工、充分利用空间、争取时间、实现合理安排工期的目的。一般说来，施工顺序受施工工艺和施工组织两方面的制约。当施工方案确定之后，工作项目之间的工艺关系也就随之确定。工作项目之间的组织关系不是由工程本身决定的，而是一种人为的关系。组织方式不同，组织关系也就不同，不同的组织关系会产生不同的经济效果，应通过调整组织关系，并将工艺关系和组织关系有机地结合起来，形成工作项目之间的合理顺序关系。

3. 计算工程量

计算工程量应根据施工图和工程量计算规则，针对所划分的每一个工作项目进行。当编制施工进度计划时已有预算文件，且工作项目的划分与施工进度计划一致时，可以直接套用施工预算的工程量，不必重新计算。若某些项目有出入，但出入不大时，应结合工程的实际情况进行某些必要的调整。计算工程量时应注意：工程量的计算单位应与现行定额手册中所规定的计量单位相一致；要结合具体的施工方法和安全技术要求计算工程量；应结合施工组织的要求，按已划分的施工段分层分段进行计算。

4.确定劳动量和机械台班数

根据各分部分项工程的工程量、施工方法和有关主管部门颁发的定额，并参照施工单位的实际情况，计算各施工项目所需要的劳动量和机械台班数量。劳动量和机械台班数的确定方法，按公式（7-1）或公式（7-2）进行计算：

$$P_i = \frac{Q_i}{S_i} \tag{7-1}$$

$$P_i = Q_i H_i \tag{7-2}$$

式中：P_i——某施工项目所需的劳动量或台班量（工日，台班）；

Q_i——该施工项目的工程量（m^2，m^3）；

S_i——该施工项目采用的产量定额（m^2，m^3/工日，台班）；

H_i——该施工项目采用的时间定额（工日，台班/m^2，m^3）。

二、建筑工程项目流水施工

（一）流水施工组织方式与特点

流水施工的组织方式：将拟建施工项目中的施工对象分解为若干个施工过程，即划分为若干个工作性质相同的分部分项工程或工序；将施工项目在平面上划分为若干个劳动量大致相等的施工段；在竖向上划分成若干个施工层，并按照施工过程成立相应的专业工作队；各专业队按照一定的施工顺序依次完成各个施工对象的施工过程，同时，保证施工在时间和空间上连续、均衡和有节奏地进行，使相邻两专业队能最大限度地搭接作业。

流水施工的特点：尽可能地利用工作面进行施工，工期比较短；各工作队实现了专业化施工，有利于提高技术水平和劳动生产率，也有利于提高工程质量；专业工作队能够连续施工，同时，相邻专业队的开工时间能够最大限度地搭接；单位时间内投入的劳动力、施工机具、材料等资源量较为均衡，有利于资源供应的组织；为施工现场的文明施工和科学管理创造了有利条件。

（二）基本组织形式

流水施工按照流水节拍的特征可分为有节奏流水施工和无节奏流水施工，其中，有节奏流水施工又可分为等节奏流水施工与异节奏流水施工。

等节奏流水施工是指在有节奏流水施工中，各施工过程的流水节拍都相等的流水施工。在流水组织中，每一个施工过程本身在各施工段中的作业时间（流水节拍）都相等，各个施工过程之间的流水节拍也相等，故等节奏流水施工的流水节拍是一个常数。

异节奏流水施工是指在有节奏流水施工中，各施工过程的流水节拍各自相等而不同施工过程之间的流水节拍不尽相等的流水施工。在流水组织中，每一个施工过程本身在各施工段上的流水节拍都相等，但是不同施工过程之间的流水节拍不完全相等。在组织异节奏流水施工时，按每个施工过程流水节拍之间是某个常数的倍数，可以组织成倍节拍流水施工。

无节奏流水施工是指在组织流水施工时，全部或部分施工过程在各个施工段上的流水节拍不相等的流水施工。这种施工是流水施工中最常见的一种。其特点是：各施工过程在各施工段上的作业时间（流水节拍）不全相等，且无规律；相邻施工过程的流水步距不尽相等；专业工作队数等于施工过程数；专业工作队能够在施工段上连续作业，但有的施工段之间可能有空闲时间。

（三）基本参数

在组织施工项目流水施工时，用来表达流水施工在工艺流程、空间布置和时间安排等方面的状态参数，称为流水施工参数，其包括工艺参数、空间参数和时间参数。

1. 工艺参数

工艺参数是指在组织施工项目流水施工时，用来表达流水施工在施工工艺方面进展状态的参数，其包括施工过程和流水强度。施工过程是指组织工程流水施工时，根据施工组织及计划安排需要，将计划任务划分成的子项。

2. 空间参数

空间参数是指在组织施工项目流水施工时，用来表达流水施工在空间布置上开展状态的参数，其包括工作面和施工段。工作面是指某专业工种的工人或某种施工机械进行施工的活动空间。工作面的大小，表明能够安排施工人数或机械台数的多少；每个作业的工人或每台施工机械所需的工作面的大小，取决于单位时间内其完成的工作量和安全施工的要求；工作面确定的合理与否，直接影响专业工作队的生产效率。施工段是指将施工对象在平面或空间上划分成若干个劳动量大致相等的施工段落，或称作流水段。施工段的数目一般用 m 表示，它是流水施工的主要参数之一。

3. 时间参数

时间参数是指在组织施工项目流水施工时，用来表达流水施工在时间安排上所处状态的参数，其包括流水节拍、流水步距和流水施工工期三个指标。流水节拍是指在组织施工项目流水施工时，某个专业工作队在一个施工段上的施工时间。影响流水节拍数值大小的因素主要有施工项目所采取的施工方案，各施工段投入的劳动力人数或机械台班、工作班次，各施工段工程量的多少。流水步距是指在组织施工项目流水施工时，相邻两个施工过程（或专业工作队）相继开始施工的最小时间间隔。流水步距一般应满足各施工过程按各自的流水速度施工，始终保持工艺的先后顺序；各施工过程的专业工作队投入施工后尽可能保持连续作业；相邻两个施工过程（或专业工作队）在满足连续施工的条件下，能最大限度地实现合理搭接等要求。流水施工工期是指从第一个专业工作队投入流水施工开始，到最后一个专业工作队完成流水施工为止的整个持续时间。由于一项建设工程往往包含许多流水组，故流水施工工期一般均不是整个工程的总工期。

三、工程网络计划技术

（一）双代号网络图的绘制方法

当已知每一项工作的紧前工作时，可按照下述步骤绘制双代号网络图：

第一，绘制没有紧前工作的工作箭线，使它们具有相同的开始节点，以保证网络图只有一个起点节点。

第二，依次绘制其他工作箭线。这些工作箭线的绘制条件是所有紧前工作箭线都已经绘制出来。在绘制这些工作箭线时，应当按照下列原则进行：当所要绘制的工作只有一项紧前工作时，则将该工作箭线直接画在其紧前工作箭线之后；当所要绘制的工作有多项紧前工作时，应当按照以下四种情况分别予以考虑。

情况一：对于所要绘制的本工作（就一项工作）来说，如果在其紧前工作之中存在这样一项工作，它只作为本工作的紧前工作（也就是说，这两个工作是一一对应的关系），那么，就将本工作箭线直接画在该紧前工作箭线之后，然后用虚箭线将其他紧前工作箭线的箭头节点与本工作箭线的箭尾节点分别相连，以表达它们之间的逻辑关系。情况二：对于所要绘制的本工作（就一项工作）而言，它有众多的紧前工作（如五项），但在其众多的紧前工作中，有多项工作（如三项）仅仅作为本工作的紧前工作，那么，就将这三项工作的完成节点合并，再从合并后的节点开始，画出本工作箭线，最后用虚箭线将其他紧前工作箭线的箭头节点与本工作箭线的箭尾节点分别相连，以表达它们之间的逻辑关系。情况三：对于所要绘制的本工作（如三项工作）而言，这三项工作有多个紧前工作，而在多个紧前工作中，有 n 个（如三个）工作仅仅作为这三项工作的紧前工作，那么，就将仅仅作为这三项工作的紧前工作箭线的箭头节点合并，再从合并后的节点开始画出这三个工作的箭线。情况四：对于所要绘制的工作（本工作）而言，如果既不存在情况一和情况二，也不存在情况三，则应当将本工作箭线单独画在其紧前工作箭线之后的中部，然后用虚箭线将其各紧前工作箭线的箭头节点与本工作箭线的箭尾节点分别相连，以表达它们之间的逻辑关系。

第三，当各项工作箭线都绘制出来之后，应当合并那些没有紧后工作的工作箭线的箭头节点，以保证网络图只有一个终点节点。

第四，当确认所绘制的网络图正确后，即可进行节点编号。可以采用水平编号法，就是从起点节点开始由上到下逐行编号，每行则自左向右按顺序编排；也可以采用垂直编号法，就是从起点节点开始自左向右逐列编号，每列则根据编号规则的要求或自上而下，或自下而上，或先上下后中间，或先中间后上下进行编排。

（二）网络计划的优化

1.工期优化

工期优化是指当网络图的计算工期不满足要求工期时，来满足要求工期目标的过程。工期优化方法：在不改变网络图中各项工作之间逻辑关系的前提下，来达到优化目标。通过压缩关键工作的持续时间；按照经济合理的原则，不能将关键工作压缩成非关键工作；当工期优化过程中出现多条关键线路时，必须将各条关键线路的总持续时间压缩相同数值。

2.费用优化

费用优化又称工期成本优化，是指寻求工程总成本最低时的工期安排，或按照要求工期寻求最低成本的计划安排的过程。费用优化的基本思路：不断地在网络计划中找出直接费用率（或组合直接费用率）最小的关键工作，缩短其持续时间，同时考虑间接费用随工期缩短而减少的数值，最后求得工程总成本最低时的最优工期安排或按要求工期求得最低成本的计划安排。

3.资源优化

资源是指为完成一项计划任务所需要投入的人力、材料、机械设备和资金等。完成一项工程任务所需要的资源量基本上是不变的，不可能通过资源优化将其减少。资源优化的目的是通过改变工作的开始时间和完成时间，使资源按照时间的分布符合优化目标。在通常情况下，网络图的资源优化分为两种，即"资源有限，工期最短"的优化和"工期固定，资源均衡"的优化。前者是通过调整计划安排，在满足资源限制条件下，使工期延长最少的过程；后者是通过调整计划安排，在工期保持不变的条件下，使资源需用量尽可能均衡的过程。

第三节　工程项目进度控制

工程项目进度控制是依据项目进度计划的编制内容，考虑影响施工进度的主要因素，采取合适的控制措施和方法，将实际的施工进度与预先编制的施工进度计划进行比较，从而进行检查、调整，以免出现延误工期的现象。

一、影响项目施工进度的主要因素

为了对建设工程施工进度进行有效的控制，必须在施工进度计划实施之前对影响建设工程施工进度的因素进行分析，进而提出保证施工进度计划实施成功的措施，以实现对建设工程施工进度的主动控制。影响建设工程施工进度的因素有很多，归纳起来，主要有以下几方面：

（一）工程建设相关单位的影响

影响建设工程施工进度的单位不只是施工承包单位，事实上，只要是与工程建设有关的单位（如政府部门、业主、设计单位、物资供应单位、资金贷款单位以及运输、通信、供电部门等），其工作进度的拖后必将对施工进度产生影响。因此，控制施工进度仅考虑施工承包单位是不够的，必须充分发挥监理的作用，协调各相关单位之间的进度关系。而对于无法进行协调控制的进度关系，在进度计划的安排中应当留有足够的机动时间。

（二）物资供应进度的影响

施工过程中需要的材料、构配件、机具和设备等如果不能按期运抵施工现场或者运抵施工现场后发现其质量不符合有关标准的要求，都会对施工进度产生影响。因此，应当严格把关，采取有效的措施控制好物资供应进度。

（三）资金的影响

工程施工的顺利进行必须有足够的资金做保障。一般来说，资金的影响主要来自业主，或者是由于没有及时给足工程预付款，或者是由于拖欠了工程进度款，这些都会影响到承包单位流动资金的周转，进而影响施工进度。管理人员应根据业主的资金供应能力，安排好施工进度计划，并督促业主及时拨付工程预付款和工程进度款，以免因资金供应不足拖延进度，导致工期索赔。

（四）设计变更的影响

在施工过程中出现设计变更是难免的，或者是由于原设计有问题需要修改，或者是由于业主提出了新的要求。管理人员应加强对图纸的审查，严格控制随意变更，特别应对业主的变更要求进行制约。

（五）施工条件的影响

在施工过程中一旦遇到气候、水文、地质及周围环境等方面的不利因素，必然会影响施工进度。此时，承包单位应利用自身的技术组织能力予以克服，管理人员应积极疏通关系，协助承包单位解决自身不能解决的问题。

（六）各种风险因素的影响

风险因素包括政治、经济、技术及自然等方面的各种可预见或不可预见的因素。政治方面的有战争、内乱、罢工、拒付债务、制裁等；经济方面的有延迟付款、汇率浮动、换汇控制、通货膨胀、分包单位违约等；技术方面的有工程事故、试验失败、标准变化等；自然方面的有地震、洪水等。管理人员必须对各种风险因素进行分析，提出控制风险、减少风险损失及对施工进度影响的措施，并对发生的风险事件给予恰当的处理。

二、施工进度控制的方法和措施

（一）施工进度控制的措施

第一，组织措施。组织措施主要包括建立施工项目进度实施和控制的组织系统，制定进度控制工作制度，检查时间、方法，召开协调会议，落实各层次进度控制人员、具体任务和工作职责；确定施工项目进度目标，建立施工项目进度控制目标体系。第二，技术措施。采取技术措施时应尽可能采用先进施工技术、方法和新材料、新工艺、新技术，保证进度目标的实现。落实施工方案，在发生问题时，及时调整工作之间的逻辑关系，加快施工进度。第三，合同措施。采取合同措施时以合同形式保证工期进度的实现，即保持总进度控制目标与合同总工期一致，分包合同的工期与总包合同的工期相一致，供货、供电、运输、构件加工等合同规定的提供服务时间与有关的进度控制目标一致。第四，经济措施。经济措施是落实进度目标的保证资金，签订并实施关于工期和进度的经济承包责任制，建立并实施关于工期和进度的奖惩制度。

（二）进度控制方法

施工项目进度控制的方法有两类：网络图控制法和线性图控制法。第一，网络图控制法。网络图控制法的主要内容是网络计划检查和网络计划调整。第二，线性图控制法。线性图控制法包括四种方法：水平指示图表、垂直指示图表、S形曲线、香蕉形曲线。

1. 水平指示图表（横道图）

当采用横道图进行项目施工进度计划控制时：首先，将项目施工进度完成情况的检查结果使用黑实线标注于横道图的计划进度线段之下；其次，把实际进度与计划进度进行比较，找出各项施工过程提前或拖后的天数，分析原因及其对后续施工过程的影响，采取有效的技术组织措施加以调整。

2. 垂直指示图表

当采用垂直指示图表进行项目施工进度计划控制时：首先，将项目施工进度完成情况的检查结果使用黑实线标注于垂直指示图表的计划进度斜线表上；其次，比较实际进度与计划进度的偏离程度，分析其原因及其对后续施工过程的影响，采取有效的技术组织措施加以调整。

3. S 形曲线

当采用 S 形曲线控制项目施工进度时，把实际项目施工进度与计划施工进度进行比较，可以判别项目施工进度的实际进展情况，确定项目施工进度提前或拖后的状况，确定累积工程量的完成情况，从而分析预测项目施工后期的进展趋势，为后续施工过程的进度计划调整提供依据。

4. 香蕉形曲线

香蕉形曲线是 S 形曲线的完善，S 形曲线是根据最早开始时间完成的累计工程量绘制的，对于施工过程拖后完成是否超过时差要求不能显示；香蕉形曲线则是根据施工过程的最早开始时间完成的累计工程量绘制一条 S 形曲线，称为 ES 曲线，再根据施工过程的最迟开始时间完成的累计工程量绘制一条 S 形曲线，称为 LS 曲线。由于两条曲线同时开始，同时结束，中间阶段的 ES 曲线点在 LS 曲线点的左侧，形成的封闭曲线状如香蕉，称为香蕉形曲线。香蕉形曲线构成了施工进度和费用范围的上下限，因此，当施工过程实际完成的工程量或进度超过了香蕉形曲线范围时，必须及时分析施工进度提前或拖后的原因，采取相应的措施。

三、施工进度计划的实施、检查与调整

（一）施工进度计划的实施

施工项目进度计划的实施就是施工活动的进展，也就是用施工进度计划指导施工活动，落实和完成计划。施工项目进度计划逐步实施的过程就是施工项目建造的逐步完成过程。为了保证施工项目进度计划的实施，并且尽量按编制的计划时间逐步进行，保证各进度目标的实现，应做好如下工作：

1. 施工项目进度计划的审核

项目经理应进行施工进度计划的审核，其主要内容包括：进度安排是否符合施工合同确定的建设项目总目标和分目标的要求，是否符合其开、竣工工期的规定；施工进度计划中的内容是否有遗漏，分期施工是否满足分批交工的需要和配套交工的要求；施工顺序安排是否符合施工程序的要求；资源供应计划是否能保证施工进度计划的实现，供应是否均衡，分包人供应的资源是否满足进度要求；施工图设计的进度是否满足施工进度计划要求；总分包之间的进度计划是否相协调，专业分工与计划的衔接是否明确、合理；对实施进度计划的风险是否分析清楚，是否有相应的对策；各项保证进度计划实现的措施设计得是否周到、可行、有效。

2. 施工项目进度计划的贯彻

第一，检查各层次的计划，形成严密的计划保证系统。施工项目的所有施工进度计划，即施工总进度计划、单位工程施工进度计划、分部（项）工程施工进度计划，都是围绕一个总任务而编制的，它们之间的关系是高层次计划为低层次计划提供依据，低层次计划是高层次计划的具体化。在其贯彻执行时，应当首先检查是否协调一致，计划目标是否层层分解、互相衔接，组成一个计划实施的保证体系，以施工任务书的方式下达施工队，保证施工进度计划的实施。第二，层层明确责任并签订施工责任书。施工项目经理、作业队和作业班组之间分别签订责任状，按计划目标明确规定工期、承担的经济责任、权限和利益。用施工任务书将作业任务下达到施工班组，明确具体施工任务、技术措施、质量要求等内容，使施工班组必须保证按作业计划时间完成规定的任务。第三，进行计划的交底，促进计划的全面、彻底实施。施工进度计划的实施是全体工作人员的共同行动，要使有关人员都明确各项计划的目标、任务、实施方案和措施，使管理层和作业层协调一致，将计划变成全体员工的自觉行动，在计划实施前可以根据计划的范围进行计划交底工作，以使计划得到全面、彻底的实施。

3. 施工项目进度计划的实施

（1）编制月（旬）作业计划

为了实施施工进度计划，将规定的任务结合现场施工条件，如施工场地的情况、劳动力机械等资源条件和施工的实际进度，在施工开始前和过程中不断地编制本月（旬）作业计划，这是使施工计划更具体、更实际和更可行的重要环节。在月（旬）计划中要明确：本月（旬）应完成的任务；所需要的各种资源量；提高劳动生产率和节约的措施等。

（2）签发施工任务书

编制好月（旬）作业计划以后，将每项具体任务通过签发施工任务书的方式下达班组进一步落实、实施。施工任务书是向班组下达任务，实行责任承包、全面管理和原始记录的综合性文件。施工班组必须保证指令任务的完成，它是计划和实施的纽带。施工任务书应由工长编制并下达，在实施过程中要做好记录，任务完成后回收，作为原始记录和业务核算资料。

施工任务书应按班组编制和下达，它包括施工任务单、限额领料单和考勤表。施工任务单包括：分项工程施工任务、工程量、劳动量、开工日期、完工日期、工艺、质量和安全要求。限额领料单是根据施工任务单编制的控制班组领用材料的依据，应具体列明材料名称、规格、型号、单位和数量、领用记录、退料记录等。考勤表可附在施工任务单背面，按班组人名排列，供考勤时填写。

（3）做好施工进度记录，填好施工进度统计表

在计划任务完成的过程中，各级施工进度计划的执行者都要跟踪做好施工记录，及时记载计划中的每项工作开始日期、每日完成数量和完成日期，记录施工现场发生的各种情况、干扰因素的排除情况；跟踪做好形象进度、工程量、总产值、耗用的人工、材料和机械台班等的数量统计与分析，为施工项目进度检查和控制分析提供反馈信息。因此，要求实事求是记载，并据此填好上报统计报表。

（4）做好施工中的调度工作

施工中的调度是组织施工中各阶段、环节、专业和工种的互相配合、进度协调的指挥核心。调度工作是使施工进度计划实施顺利进行的重要手段，其主要任务是掌握计划实施情况，协调各方面关系，采取措施，排除各种矛盾，加强各薄弱环节，实现动态平衡，保证完成作业计划和实现进度目标。

（二）施工进度计划的检查

在施工进度计划的实施过程中，监理工程师必须对施工进度计划的执行情况进行动态检查，并分析进度偏差产生的原因，以便为施工进度计划的调整提供必要的信息。

1. 施工进度的检查方式

第一，定期地、经常地收集由承包单位提交的有关进度报表资料。工程施工进度报表资料不仅是监理工程师实施进度控制的依据，同时也是其核对工程进度款的依据。在一般情况下，进度报表格式由监理单位提供给施工承包单位，施工承包单位按时填写完后提交给监理工程师核查。报表的内容根据施工对象及承包方式的不同而有所区别，但一般应包括工作的开始时间、完成时间、持续时间、逻辑关系、实物工程量和工作量，以及工作时差的利用情况等。

第二，由驻地监理人员现场跟踪检查建设工程的实际进展情况。为了避免施工承包单位超报已完工程量，驻地监理人员有必要进行现场实地检查和监督。至于每隔多长时间检查一次，应视建设工程的类型、规模、监理范围及施工现场的条件等多方面的因素而定。

除上述两种方式外，由监理工程师定期组织现场施工负责人召开现场会议，也是获得建设工程实际进展情况的一种方式。

2. 施工进度的检查方法

主要方法是对比法，即将经过整理的实际进度数据与计划进度数据进行比较，从中发现是否出现进度偏差以及进度偏差的大小。如果进度偏差比较小，应在分析其产生原因的基础上采取有效措施，解决矛盾，继续执行原进度计划；如果进度偏差比较大，就应对原计划进行必要的调整，即适当延长工期，或改变施工速度。

3. 检查结果的处理

施工项目进度检查的结果，按照检查报告制度的规定，形成进度控制报告向有关主管人员和部门汇报。进度控制报告是把检查比较的结果、有关施工进度现状和发展趋势，提供给项目经理及各级业务职能负责人的最简单的书面形式报告。进度控制报告是根据报告的对象不同，确定不同的编制范围和内容而分别编写的，一般分为项目概要级进度控制报告、项目管理级进度控制报告和业务管理级进度控制报告。

项目概要级的进度报告是报给项目经理、企业经理或业务部门以及建设单位或业主的，它是以整个施工项目为对象说明进度计划执行情况的报告；项目管理级的进度报告是报给项目经理及企业业务部门的，它是以单位工程或项目分区为对象说明进度计划执行情况的报告；业务管理级的进度报告是就某个重点部位或重点问题为对象编写的报告，供项目管理者及各业务部门为其采取应急措施而使用的。

进度报告由计划负责人或进度管理人员与其他项目管理人员协作编写。报告时间一般与进度检查时间相协调，也可按月、旬、周等间隔时间进行编写上报。通过检查应向企业提供月度施工进度报告的内容主要包括：项目实施概况、管理概况、进度概要的总说明；项目施工进度、形象进度及简要说明；施工图纸提供进度；材料、物资、构配件供应进度；劳务记录及预测；日历计划；对建设单位、业主和施工者的工程变更指令、价格调整、索赔及工程款收支情况；进度偏差的状况和导致偏差的原因分析；解决问题的措施；计划调整意见等。

（三）施工进度计划的调整

施工进度计划的调整方法主要有两种：压缩关键工作的持续时间；改变某些工作间的逻辑关系（组织搭接作业或平行作业）。

1. 压缩关键工作的持续时间

该法的特点是不改变工作之间的先后顺序关系，通过缩短网络计划中关键线路上工作的持续时间来缩短工期。具体措施：一是组织措施方面，增加工作面，组织更多的施工队伍；增加每天的施工时间（如采用三班制等）；增加劳动力和施工机械数量。二是技术措施，改进施工工艺和施工技术，缩短工艺技术间歇时间；采用更先进的施工方法，以减少施工过程的数量；采用更先进的施工机械。三是经济措施，实行包干奖励，提高奖金数额，对所采取的技术措施给予相应的经济补偿。

2. 改变某些工作间的逻辑关系

该法的特点是不改变工作的持续时间，而只改变工作的开始时间和完成时间。对于大型建设工程，由于其单位工程较多且相互间的制约比较小，可调整的幅度比较大，所以容易采用平行作业的方法来调整施工进度计划。而对于单位工程项目，由于受工作之间工艺关系的限制，可调整的幅度比较小，所以通常采用搭接作业的方法来调整施工进度计划。但不管是搭接作业还是平行作业，建设工程在单位时间内的资源需求量将会增加。

除了分别采用上述两种方法来缩短工期外，有时由于工期拖延得太多，当采用某种方法进行调整，其可调整的幅度又受到限制时，还可以同时利用这两种方法对同一施工进度计划进行调整，以满足工期目标的要求。

四、工程延期事件的处理与防范

（一）工程延期的概念及特点

工程项目延期是指建设项目由于建设方、设计方、监理、施工方、政府相关部门、外部因素等使工程项目进度偏离原来的计划，并最终导致实际工期超过计划工期。有一种观点为根据引起工期增加责任方将建设方原因引起的工程延期称为工程延期，将施工方引起的工程延期称为工程延误。

建设工程项目延期具有普遍性，建设工程项目延期现象经常发生，国内外的建设工程项目都经常会出现这种问题；建设工程项目中引起工程延期的原因错综复杂，由于建设工程项目建设周期长、外部环境多变和不确定性高等，还将受到来自建设单位、甲方代理、承包商、监理单位、设计单位、分包商及劳务班组、材料供应商、政府监督职能部门等项目参与各方的影响。成本的增加往往体现在由延期导致索赔，包括工期索赔和费用索赔；建设工程项目延期会增加建设成本，工期索赔即要求延长工期，这样潜在的风险会导致项目不能按时交付，造成不可估量的影响。即便没有延长工期，但随后而来的抢工措施、费用索赔、要求增加经济签证及技术洽商等，增加合同外的费用。

（二）处理方法

1. 工程延期的控制

第一，选择合适的时机下达工程开工命令。负责人在下达工程开工命令之前，应充分考虑业主的前期准备工作是否充分，特别是征地、拆迁问题是否已解决，设计图纸能否及时提供，以及付款方面有无问题等，以避免由上述问题缺乏准备而造成工程延期。第二，提醒业主履行施工承包合同中所规定的职责。在施工过程中，负责人应经常提醒业主履行自己的职责，提前做好施工场地及设计图纸的提供工作，并能及时支付工程进度款，以减少或避免由此而造成的工程延期。第三，妥善处理工程延期事件。当延期事件发生以后，负责人应根据合同规定进行妥善处理，既要尽量减少工程延期时间及其损失，又要在详细调查研究的基础上合理批准工程延期时间。此外，业主在施工过程中应尽量减少干预、多协调，以避免由于业主的干扰和阻碍而导致延期事件的发生。

2. 工期延误的处理

如果由承包单位自身的原因造成工期拖延，而承包单位又未按照监理工程师的指令改变延期状态时，通常可以采用下列手段进行处理：

第一，拒绝签署付款凭证（停止付款）。当承包单位的施工活动不能使监理工程师满意时，监理工程师有权拒绝承包单位的支付申请。因此，当承包单位的施工进度拖后且又不采取积极措施时，监理工程师可以采取停止付款的手段制约承包单位。第二，误期损失赔偿。停止付款一般是监理工程师在施工过程中制约承包单位延误工期的手段，而误期损失赔偿则是当承包单位未能按合同规定的工期完成合同范围内的工作时对其的处罚。如果承包单位未能按合同规定的工期和条件完成整个工程，则应向业主支付投标书附件中规定的金额，作为该项违约的损失赔偿费。第三，取消承包资格。如果承包单位严重违反合同，又不采取补救措施，则业主为了保证合同工期有权取消其承包资格。承包单位不但要被驱逐出施工现场，还要承担由此而造成的业主的损失费用。这种惩罚措施一般不轻易采用，而且在做出这项决定前，业主必须事先通知承包单位，令其在规定的期限内做好辩护准备。

第四节　建筑工程项目进度优化控制

一、项目进度控制

（一）项目进度控制的过程

项目进度控制是项目进度管理的重要内容和重要过程之一，由于项目进度计划只是根据相关技术对项目的每项活动进行估算，并做出项目的每项活动进度的安排，然而在编制项目进度计划时事先难以预料的问题很多，因此在项目进度计划执行过程中往往会发生程度不等的偏差，这就要求项目经理和项目管理人员对计划做出调整、变更，消除偏差，以使项目按合同日期完成。

项目进度计划控制就是对项目进度计划实施与项目进度计划变更所进行的控制工作。

具体地说，进度计划控制就是在项目正式开始实施后，要时刻对项目及其每项活动的进度进行监督，及时、定期地将项目实际进度与项目计划进度进行比较，掌握和度量项目的实际进度与计划进度的差距，一旦出现偏差，就必须采取措施纠正偏差，以维持项目进度的正常进行。

根据项目管理的层次，项目进度计划控制可以分为项目总进度控制，即项目经理等高层管理部门对项目中各里程碑事件的进度控制；项目主进度控制，主要是项目部门对项目中每一主要事件的进度控制；项目详细进度控制，主要是各具体作业部门对各具体活动的进度控制，这是进度控制的基础，只有详细进度得到较强的控制才能保证主进度按计划进行，最终保证项目总进度，使项目按时实现。因此，项目进度控制要首先定位于项目的每项活动中。

（二）项目进度控制的目标

项目进度控制总目标是依据项目总进度计划确定的，然后对项目进度控制总目标进行层层分解，形成实施进度控制、相互制约的目标体系。

项目进度目标是从总的方面对项目建设提出的工期要求。但在项目活动中，是通过对最基础的分项工程的进度控制来保证各单项工程或阶段工程进度控制目标的完成，进而实现项目进度控制总目标的，因而需要将总进度目标进行一系列的从总体到细部、从高层次到基础层次的层层分解，一直分解到可以直接调度控制的分项工程或作业过程为止。在分解中，每一层次的进度控制目标都限定了下一级层次的进度控制目标，而较低层次的进度控制目标又是较高一级层次进度控制目标得以实现的保证，于是就形成了一个自上而下层层约束，由下而上级级保证，上下一致的多层次的进度控制目标体系。例如，可以按项目实施阶段、项目所包含的子项目、项目实施单位以及时间来设立分目标。为了便于对项目进度的控制与协调，可以从不同角度建立与施工进度控制目标体系相联系配套的进度控制目标。

二、施工进度计划管理

（一）工程项目施工进度计划的任务

施工进度计划是建筑工程施工的组织方案，是指导施工准备和组织施工的技术、经济文件。编制施工进度计划必须在充分研究工程的客观情况和施工特点的基础上结合施工企业的技术力量、装备水平，从人力、机械、资金、材料和施工方法五个基本要素，进行统筹规划、合理安排，充分利用有限的空间与时间，采用先进的施工技术，选择经济合理的施工方案，建立正常的生产秩序，用最少的资源和资金取得质量高、成本低、工期短、效益好、用户满意的建筑产品。

（二）工程项目施工进度计划的作用

工程项目施工进度计划是施工组织设计的重要组成部分，是施工组织设计的核心内容。编制施工进度计划是在施工方案已确定的基础上，在规定的工期内，对构成工程的各组成部分（如各单项工程、各单位工程、各分部分项工程）在时间上给予科学的安排。这种安排是按照各项工作在工艺上和组织上的先后顺序，确定其衔接、搭接和平行的关系，计算出每项工作的持续时间，确定其开始时间和完成时间，根据各项工作的工程量和持续时间确定每项工作的日（月）工作强度，从而确定完成每项工作所需要的资源数量（工人数、机械数以及主要材料的数量）。

施工进度计划还表示出各个时段所需各种资源的数量以及各种资源强度在整个工期内的变化，从而进行资源优化，以达到资源的合理安排和有效利用。根据优化后的进度计划确定各种临时设施的数量，并提出所需各种资源数量的计划表。在施工期间，施工进度计划是指导和控制各项工作进展的指导性文件。

（三）工程项目进度计划的种类

根据施工进度计划的作用和各设计阶段对施工组织设计的要求，将施工进度计划分为以下几种类型：

1. 施工总进度计划

施工总进度计划是整个建设项目的进度计划，是对各单项工程或单位工程的进度进行优化安排，在规定的建设工期内，确定各单项工程或单位工程的施工顺序，开始和完成时间，计算主要资源数量，用以控制各单项工程或单位工程的进度。

施工总进度计划与主体工程施工设计、施工总平面布置相互联系、相互影响。当业主提出一个控制性的进度时，施工组织设计据此选择施工方案，组织技术供应和场地布置。相反，施工总进度计划又受到主体施工方案和施工总平面布置的限制，施工总进度计划的编制必须与施工场地布置相协调。在施工总进度计划中选定的施工强度应与施工方法中选用的施工机械的能力相适应。

在安排大型项目的总进度计划时，应使后期投资多，以提高投资利用系数。

2. 单项工程施工进度计划

单项工程施工进度计划以单项工程为对象，在施工图设计阶段的施工组织设计中进行编制，用于直接组织单项工程施工。它根据施工总进度计划中规定的各单项工程或单位工程的施工期限，安排各单位工程或各分部分项工程的施工顺序、开竣工日期，并根据单项工程施工进度计划修正施工总进度计划。

3. 单位工程施工进度计划

单位工程施工进度计划是以单位工程为对象，一般由承包商进行编制，可分为标前和标后施工进度计划。在标前（中标前）的施工组织设计中所编制的施工进度计划是投标书的主要内容，作为投标用。在标后（中标后）的施工组织设计中所编制的施工进度计划，在施工中用以指导施工。单位工程施工进度计划是实施性的进度计划，根据各单位工程的施工期限和选定的施工方法安排各分部分项工程的施工顺序和开竣工日期。

4. 分部分项工程施工作业计划

对于工程规模大、技术复杂和施工难度大的工程项目，在编制单位工程施工进度计划之后，常常需要编制某些主要分项工程或特殊工程的施工作业计划，它是直接指导现场施工和编制月、旬作业计划的依据。

5. 各阶段，各年、季、月（旬）的施工进度计划

各阶段的施工进度计划是承包商根据所承包的项目在建设各阶段所确定的进度目标而编制的，用以指导阶段内的施工活动。

为了更好地控制施工进度计划的实施，应将进度计划中确定的进度目标和工程内容按时序进行分解，即按年、季、月（旬）编制作业计划和施工任务书，并编制年、季、月（旬）所需各种资源的计划表，用以指导各项作业的实施。

（四）施工进度计划编制的原则

1. 施工过程的连续性

施工过程的连续性是指施工过程中各阶段、各项工作的进行，在时间上应是紧密衔接的，不应发生不合理的中断，保证时间有效地被利用。保持施工过程的连续性应从工艺和组织上设法避免施工队发生不必要的等待和窝工，以达到提高劳动生产率、缩短工期、节约流动资金的目的。

2. 施工过程的协调性

施工过程的协调性是指施工过程中的各阶段、各项工作之间在施工能力或施工强度上要保持一定的比例关系。各施工环节的劳动力的数量及生产率、施工机械的数量及生产率、主导机械之间或主导机械与辅助机械之间的配合都必须互相协调，不要发生脱节和比例失调的现象。例如，混凝土工程中的混凝土的生产、运输和浇筑三个环节之间的关系，混凝土的生产能力应满足混凝土浇筑强度的要求，混凝土的运输能力应与混凝土生产能力相协调，使之不发生混凝土拌和设备等待汽车，或汽车排队等待装车的现象。

3. 施工过程的均衡性

施工过程的均衡性是指施工过程中各项工作按照计划要求，在一定的时间内完成相等或等量递增（或递减）的工程量，使在一定的时间内，各种资源的消耗保持相对的稳定，不发生时紧时松、忽高忽低的现象。在整个工期内使各种资源都得到均衡的使用，这是一种期望，绝对的均衡是难以做到的，但通过优化手段安排进度，可以求得资源消耗达到趋于均衡的状态。均衡施工能够充分利用劳动力和施工机械，并能达到经济性的要求。

4. 施工过程的经济性

施工过程的经济性是指以尽可能小的劳动消耗来取得尽可能大的施工成果，在不影响工程质量和进度的前提下，尽力降低成本。在工程项目施工进度的安排上，做到施工过程的连续性、协调性和均衡性，即可达到施工过程的经济性。

（五）编制施工进度计划必须考虑的因素

编制施工进度计划必须考虑的因素如下：工期的长短，占地和开工日期，现场条件和施工准备工作，施工方法和施工机械，施工组织与管理人员的素质，合同与风险承担。

1. 工期的长短

对编制施工进度计划最有意义的是相对工期，即相对于施工企业能力的工期。相对工期长即工期充裕，施工进度计划就比较容易编制，施工进度控制也就比较容易；反之则难。除总工期外，还应考虑局部工期充裕与否，施工中可能遇到哪些"卡脖子"问题，有何备用方案。

2. 占地和开工日期

由于占地问题影响施工进度的例子很多。有时候，业主在形式上完成了对施工用地的占有，但在承包商进场时或在施工过程中还会因占地问题遇到当地居民的阻挠。其中有些是由于拆迁赔偿问题没有彻底解决，但更多的是当地居民的无理取闹。这需要加强有关的立法和执法工作。对占地问题，业主方应尽量做好拆迁赔偿工作，使当地居民满意，同时应使用法律手段制止不法居民的无理取闹。例如某船闸在开工时遇到居民的无理取闹，业主依靠法律手段由公安部门采取强制措施制止，保证了工程顺利开工。最根本的办法是加强法制教育，提高群众的法制意识。

3. 现场条件和施工准备工作

现场条件包括连接现场与交通线的道路条件、供电供水条件、当地工业条件、机械维修条件、水文气象条件、地质条件、水质条件以及劳动力资源条件等。其中当地工业条件主要是建筑材料的供应能力，例如水泥、钢筋的供应条件以及生活必需品和日用品的供应条件。劳动力资源条件主要是当地劳动力的价格、民工的素质及生活习惯等。水质条件主要是现场有无充足的、满足混凝土拌和要求的水源。有时候地表水的水质不符合要求，就要打深井取水或进行水质处理，这对工期有一定的影响。气象条件主要是当地雨季的长短、年最高气温、最低气温、无霜期的长短等。供电和交通条件对工期的影响也是很大的，对一些大型工程往往要单独建立专用交通线和供电线路，而小型工程则要完全依赖当地的交通和供电条件。

业主方施工准备工作主要有施工用地的占有、资金准备、图纸准备以及材料供应的准备；承包商方施工准备工作则为人员、设备和材料进场，场内施工道路、临时车站、临时码头建设，场内供电线路架设，通信设施、水源及其他临时设施准备。

对于现场条件不好或施工准备工作难度较大的工程，在编制施工进度计划时一定要留有充分的余地。

4. 施工方法和施工机械

一般地说，采用先进的施工方法和先进的施工机械设备时施工进度会快一些。但是当施工单位开始使用这些新方法施工时，往往不会提高多少施工速度，有时甚至还不如老方法来得快，这是因为施工单位对新的施工方法有一个适应和熟练的过程。所以从施工进度控制的角度看，不宜在同一个工程同时采用过多的新技术（相对施工单位来讲是新的技术）。

如果在一项工程中必须同时采用多项新技术时，那么最好的办法就是请研制这些新技术的科研单位到现场指导，进行新技术应用的试验和推广，这样不仅为这些科研成果的完善提供了现场试验的条件，也为提高施工质量，加快施工进度创造了良好条件，更重要的是使施工单位很快地掌握了这些新技术，大大提高了市场竞争力。

5. 施工组织与管理人员的素质

良好的施工组织管理应既能有效地制止施工人员的一切不良行为，又能充分调动所有施工人员的积极性，有利于不同部门、不同工作的协调。

对管理人员最基本的要求就是要有全局观念，即管理人员在处理问题时要符合整个系统的利益要求，在施工进度控制中就是施工总工期的要求。在西部地区某堆石坝施工中，施工单位管理人员在内部管理的某些问题上处理不当，导致工人怠工，从而影响工程进度。这时业主单位（当地政府主管部门）果断地采取经济措施，调动工人的积极性，从而在汛期到来之前将坝体填筑到了汛期挡水高程。还有一点要强调的是，作为施工管理人员，特别是施工单位的上层管理人员，无论何时都要将施工质量放在首要的地位。因为质量不合格的工程量是无效的工程量，质量不合格的工程是要进行返工或推倒重做的。所以工程质量事故必然会在不同程度上影响施工进度。

6. 合同与风险承担

这里的合同是指合同对工期要求的描述和对拖延工期处罚的约定。工程工期延误罚金是指在合同签署之时因工程项目不能在合同的最后期限之前完成，而造成业主损失的合理预测，此时的赔偿金额是可以强制执行的。同时在招标时，工期要求应与标底价相协调。这里所说的风险是指可能影响施工进度的潜在因素以及合同工期实现的可能性大小。

三、建筑工程进度优化管理

（一）建筑工程项目进度优化管理的意义

知道整个项目的持续时间时，可以更好地计算管理成本（预备），包括管理、监督和运行成本；可以使用施工进度来计算或肯定地检查投标估算；以投标价格提交投标表，从而向客户展示如何构建该项目。正确构建的施工进度计划可以通过不同的活动来实现。这个过程可以缩短或延长整个项目的持续时间。通过适当的资源调度，可以改变活动的顺序，并延长或缩短持续时间，使资源的配置更加优化。这有助于降低资源需求并保持资源的连续性。

进度表显示团队的目标以及何时必须满足这些目标。此外，它还显示了团队必须遵循的路线——它提供了一系列的任务来指导项目经理和主管需要从事哪些活动，哪些是他们应该计划的活动。如果没有这一计划，施工单位可能不知道何时应当实现预定目标。施工进度计划提供了在项目工地上需要建筑材料的日期，可以用来监测分包商和供应商的进度。更为重要的是，进度表提供了施工进度是否按进度进行的反馈，以及项目是否能按时完成。当发现施工进度下降时，可以采取行动来提高施工效率。

（二）工程项目的成本与质量进度的优化

工程项目控制三大目标即工程项目质量、成本、进度。这三者之间相互影响、相互依赖。在满足规定成本、质量要求的同时使工程施工工期缩短也是项目进度控制的理想状态。在工程项目的实际管理中，工程项目管理人员要根据施工合同中要求的工期和要求的质量完成项目，与此同时工程项目管理人员也要控制项目的成本。

建筑施工项目要提高工程质量，保证在规定的时间内完工，同时使成本得到有效控制，就必须在施工管理的过程中投入精力，正确认识和处理质量、工期、成本三者之间的关系，通过有效的策略和措施进行管理；以便使工程质量满足客户的具体要求，同时避免工期拖延的问题，在成本管理上也有明显效果，只有这样，建筑项目管理才能达到预计的各项目标；施工企业因此才能获得应有的经济收益。

所以，在实际的工程项目管理中，管理人员要结合实际情况与工程项目定量、定向的工程进度，对项目成本与工程质量约束下的工程工期进行理性的研究与分析，进而对有问题的工程进度及时采取有效措施调整，以便实现工程项目的工程质量和项目成本中进度计划的优化。

（三）工程项目进度资源的总体优化

在建筑工程项目进度实现过程中，从施工所耗用的资源看，只有尽可能节约资源和合理的对资源进行配置，才能实现建设项目工程总体的优化。因此，必须对工程项目中所涉及的工程资源、工程设备以及工人进行总体优化。在建筑工程项目的进度中，只有对相关资源合理投入与配置，在一定的期限内限制资源的消耗，才能获得最大经济效益与社会效益。

所以，工程施工人员就需要在项目进行的过程中坚持几点原则：第一，用最少的货币来衡量工程总耗用量；第二，合理有效地安排建筑工程项目需要的各种资源与各种结构；第三，要做到尽量节约以及合理替代枯竭型和稀缺型资源；第四，在建筑工程项目的施工过程中，尽量均衡在施工过程中的资源投入。

为了使上述要求均可以得到实现，建筑施工管理人员必须做好以下几点：一是要严格遵循工程项目管理人员制订的关于项目进度计划的规定，提前对工程项目的劳动计划进度合理做出规划；二是要提前对工程项目中所须用的工程材料及与之相关的资源进行预期估计，从而达到优化和完善采购计划的目的，避免出现资源材料浪费的情况；三是要根据工程项目的预计工期、工程量大小、工程质量、项目成本，以及各项条件所需要的完备设备，从而合理地去选择工程中所需设备的购买以及租赁的方式。

第八章　建筑工程项目合同与成本管理

第一节　建筑工程项目合同管理概述

建筑工程合同是订立合同的当事人在建筑工程项目实施建设过程中的最高行为准则，是规范双方的经济活动、协调双方工作关系、解决合同纠纷的法律依据。合同管理是建筑工程项目管理的核心。加强工程施工合同管理，规范、完善工程合同，做到管理依法、运作有序，有利于工程的"质量、工期、投资"等目标的顺利实现。

一、建筑工程项目合同管理概述

（一）建筑工程项目合同管理的概念

建筑工程项目合同管理是指对工程项目施工过程中所发生的或所涉及的一切经济、技术合同的签订、履行、变更、索赔、解除、解决争议、终止与评价的全过程进行的管理工作。

（二）建筑工程项目合同管理的作用

建筑工程项目合同作为约束发包方和承包方权利和义务的依据，合同管理的作用主要体现在以下几方面：

第一，促使施工合同的双方在相互平等、诚信的基础上依法签订切实可行的合同。

第二，有利于合同双方在合同执行过程中进行相互监督，以确保合同顺利实施。

第三，合同中明确地规定了双方具体的权利与义务，通过合同管理确保合同双方严格执行。

第四，通过合同管理，增强合同双方履行合同的自觉性，调动建设各方的积极性，使合同双方自觉遵守法律规定，共同维护当事人双方的合法权益。

（三）建筑工程项目合同管理的内容

第一，建立健全建筑工程项目合同管理制度，包括合同归口管理制度，考核制度，合同用章管理制度，合同台账、统计及归档制度等。

第二，经常对合同管理人员、项目经理及有关人员进行合同法律知识教育，提高合同业务人员法律意识和专业素质。

第三，在谈判签约阶段，重点是了解对方的信誉，核实其法人资格及其他有关情况和资料；监督双方依照法律程序签订合同，避免出现无效合同、不完善合同，预防合同纠纷发生；组织配合有关部门做好施工项目合同的鉴证、公证工作，并在规定时间内送交合同管理机关等有关部门备案。

第四，合同履约阶段，主要的日常工作是经常检查合同以及有关法规的执行情况，并进行统计分析，如统计合同份数，合同金额，纠纷次数，分析违约原因、变更和索赔情况、合同履约率等，以便及时发现问题、解决问题；做好有关合同履行中的调解、诉讼、仲裁等工作，协调好企业与各方面、各有关单位的经济协作关系。

第五，专人整理保管合同、附件、工程洽商资料、补充协议、变更记录及与业主及其委托的工程师之间的来往函件等文件，随时备查；合同期满，工程竣工结算后，将全部合同文件整理归档。

二、合同的签订和生效

（一）订立施工合同的条件

第一，初步设计已经批准。

第二，工程项目已经列入年度建设计划。

第三，设计文件和有关的技术资料齐全。

第四，建设资金和主要建筑材料设备来源已落实。

第五，中标通知书已经下达。

（二）合同的认证与生效

合同签订后是否立即生效，须区别两种情况：一种是在法律上对所签订的合同无专门规定，仅凭当事人的意愿，合同签署后立即生效；另一种是有些国家规定合同签订后必须经有关主管部门的鉴定或经司法部门的公证后合同才具有法律效力，这是国家对合同的监督与保护。

合同有效性的标准：

第一，合同的内容合法。

第二，签约的法人代表的意愿必须真实而且不超过法定的权限。

第三，符合国家的利益和社会公众的利益。

第四，必要时合同应经过鉴定和公证。

（三）合同当事人的义务

1. 发包人

①发包人应遵守法律，并办理法律规定由其办理的许可、批准或备案。发包人应协助

承包人办理法律规定的有关施工证件和批件。

②发包人代表在发包人的授权范围内，负责处理合同履行过程中与发包人有关的具体事宜。在施工现场的发包人人员应遵守法律及有关安全、质量、环境保护、文明施工等规定。

③发包人应最迟于开工日期7天前向承包人移交施工现场，并负责提供施工所需要的条件，包括：将施工用水、电力、通信线路等施工所必需的条件接至施工现场内；保证向承包人提供正常施工所需要的进入施工现场的交通条件；协调处理施工现场周围地下管线和邻近建筑物、构筑物、古树名木的保护工作，并承担相关费用；按照专用合同条款约定应提供的其他设施和条件。

④发包人应当在移交施工现场前向承包人提供施工现场及工程施工所必需的毗邻区域内供水、排水、供电、供气、供热、通信、广播电视等地下管线资料，气象和水文观测资料，地质勘查资料，相邻建筑物、构筑物和地下工程等有关的基础资料。

⑤发包人应在收到承包人要求提供资金来源证明的书面通知后28天内，向承包人提供能够按照合同约定支付合同价款的相应资金来源证明。

⑥发包人要求承包人提供履约担保的，发包人应当向承包人提供支付担保。

⑦发包人应按合同约定向承包人及时支付合同价款。

⑧发包人应按合同约定及时组织竣工验收。

⑨发包人应与承包人、由发包人直接发包的专业工程的承包人签订施工现场统一管理协议，明确各方的权利义务。

2. 承包人

①办理法律规定应由承包人办理的许可和批准，并将办理结果书面报送发包人留存。

②按法律规定和合同约定完成工程，并在保修期内承担保修义务。

③按法律规定和合同约定采取施工安全和环境保护措施，办理工伤保险，确保工程及人员、材料、设备和设施的安全。

④按合同约定的工作内容和施工进度要求，编制施工组织设计和施工措施计划，并对所有施工作业和施工方法的完备性和安全可靠性负责。

⑤在进行合同约定的各项工作时，不得侵害发包人与他人使用公用道路、水源、市政管网等公共设施的权利，避免对邻近的公共设施产生干扰。承包人占用或使用他人的施工场地，影响他人作业或生活的，应承担相应责任。

⑥负责施工场地及其周边环境与生态的保护工作。

⑦采取施工安全措施，确保工程及其人员、材料、设备和设施的安全，防止因工程施工造成的人身伤害和财产损失。

⑧将发包人按合同约定支付的各项价款专用于合同工程，且应及时支付其雇用人员工

资，并及时向分包人支付合同价款。

⑨按照法律规定和合同约定编制竣工资料，完成竣工资料立卷及归档，并按专用合同条款约定的竣工资料的套数、内容、时间等要求移交发包人。

⑩应履行的其他义务。

三、施工准备阶段的合同管理

（一）施工图纸管理

1. 图纸的提供和交底

发包人应按照专用合同条款约定的期限、数量和内容向承包人免费提供图纸，并组织承包人、监理人和设计人进行图纸会审和设计交底。发包人最迟不得晚于开工通知条款载明的开工日期前 14 天向承包人提供图纸。

2. 图纸的修改和补充

需要修改和补充的，应经图纸原设计人及审批部门同意，并由监理人在工程或工程相应部位施工前将修改后的图纸或补充图纸提交给承包人，承包人应按修改或补充后的图纸施工。

3. 图纸和承包人文件的保管

承包人应在施工现场另外保存一套完整的图纸和承包人文件，供发包人、监理人及有关人员进行工程检查时使用。

（二）施工进度计划管理

施工进度计划的编制应当符合国家法律规定和一般工程实践惯例，施工进度计划经发包人批准后实施。施工进度计划是控制工程进度的依据，发包人和监理人有权按照施工进度计划检查工程进度情况。

承包人应在合同签订后 14 天内，但最迟不得晚于开工通知载明的开工日期前 7 天，向监理人提交详细的施工组织设计，并由监理人报送发包人。发包人和监理人应在监理人收到施工组织设计后 7 天内确认或提出修改意见。对发包人和监理人提出的合理意见和要求，承包人应自费修改完善。

（三）开工准备

承包人应按照施工组织设计约定的期限，向监理人提交工程开工报审表，经监理人报发包人批准后执行。开工报审表应详细说明按施工进度计划正常施工所需的施工道路、临时设施、材料、工程设备、施工设备、施工人员等落实情况以及工程的进度安排。合同当事人应按约定完成开工准备工作。

（四）开工通知

发包人应按照法律规定获得工程施工所需的许可。经发包人同意后，监理人发出的开工通知应符合法律规定。监理人应在计划开工日期 7 天前向承包人发出开工通知，工期自开工通知中载明的开工日期起算。因发包人原因造成监理人未能在计划开工日期之日起 90 天内发出开工通知的，承包人有权提出价格调整要求，或者解除合同。发包人应当承担由此增加的费用和（或）延误的工期，并向承包人支付合理利润。

（五）测量放线

发包人应在最迟不得晚于开工通知载明的开工日期前 7 天通过监理人向承包人提供测量基准点、基准线和水准点及其书面资料。发包人应对其提供的测量基准点、基准线和水准点及其书面资料的真实性、准确性和完整性负责。承包人发现发包人提供的测量基准点、基准线和水准点及其书面资料存在错误或疏漏的，应及时通知监理人。监理人应及时报告发包人，并会同发包人和承包人予以核实。发包人应就如何处理和是否继续施工做出决定，并通知监理人和承包人。

承包人负责施工过程中的全部施工测量放线工作，并配置具有相应资质的人员、合格的仪器、设备和其他物品。承包人应纠正工程的位置、标高、尺寸或准线中出现的任何差错，并对工程各部分的定位负责。施工过程中对施工现场内水准点等测量标志物的保护工作由承包人负责。

（六）材料与设备的采购与进场

1. 材料采购

发包人自行供应材料、工程设备的，应对其质量负责。承包人应提前 30 天通过监理人以书面形式通知发包人供应材料与工程设备进场。承包人修订施工进度计划时，须同时提交经修订后的发包人供应材料与工程设备的进场计划。承包人负责采购材料、工程设备的，应按照设计和有关标准要求采购，并提供产品合格证明及出厂证明，对材料、工程设备质量负责。合同约定由承包人采购的材料、工程设备，发包人不得指定生产厂家或供应商，发包人违反本款约定指定生产厂家或供应商的，承包人有权拒绝，并由发包人承担相应责任。

2. 材料与工程设备的接收与拒收

发包人供应材料与工程设备应提前 24 小时以书面形式通知承包人、监理人材料和工程设备到货时间，承包人负责材料和工程设备的清点、检验和接收。承包人采购的材料和工程设备，应保证产品质量合格，承包人应在材料和工程设备到货前 24 小时通知监理人检验。承包人进行永久设备、材料的制造和生产的，应符合相关质量标准，并向监理人提交材料的样本以及有关资料，并应在使用该材料或工程设备之前获得监理人同意。

承包人采购的材料和工程设备不符合设计或有关标准要求时，承包人应在监理人要求的合理期限内将不符合设计或有关标准要求的材料、工程设备运出施工现场，并重新采购符合要求的材料、工程设备，由此增加的费用和（或）延误的工期，由承包人承担。

（七）施工设备和临时设施

承包人应按合同进度计划的要求，及时配置施工设备和修建临时设施。进入施工场地的承包人设备须经监理人核查后才能投入使用。承包人更换合同约定的承包人设备的，应报监理人批准。承包人应自行承担修建临时设施的费用，需要临时占地的，应由发包人办理申请手续并承担相应费用。

（八）工程预付款管理

1. 预付款的支付

预付款的支付按照专用合同条款约定执行，但最迟应在开工通知载明的开工日期 7 天前支付。发包人逾期支付预付款超过 7 天的，承包人有权向发包人发出要求预付的催告通知，发包人收到通知后 7 天内仍未支付的，承包人有权暂停施工，并按发包人违约的条款执行。预付款在进度付款中同比例扣回。在颁发工程接收证书前，提前解除合同的，尚未扣完的预付款应与合同价款一并结算。

2. 预付款担保

发包人要求承包人提供预付款担保的，承包人应在发包人支付预付款 7 天前提供预付款担保。预付款担保可采用银行保函、担保公司担保等形式，具体由合同当事人在专用合同条款中约定。在预付款完全扣回之前，承包人应保证预付款担保持续有效。发包人在工程款中逐期扣回预付款后，预付款担保额度应相应减少，但剩余的预付款担保金额不得低于未被扣回的预付款金额。

四、施工阶段的合同管理

（一）材料与设备保管使用

发包人供应的材料和工程设备，承包人清点后由承包人妥善保管，保管费用由发包人承担，但已标价工程量清单或预算书已经列支或专用合同条款另有约定的除外。因承包人原因发生丢失毁损的，由承包人负责赔偿；监理人未通知承包人清点的，承包人不负责材料和工程设备的保管，由此导致丢失毁损的由发包人负责。发包人供应的材料和工程设备使用前，由承包人负责检验，检验费用由发包人承担，不合格的不得使用。

承包人采购的材料和工程设备由承包人妥善保管，保管费用由承包人承担。法律规定材料和工程设备使用前必须进行检验或试验的，承包人应按监理人的要求进行检验或试验，检验或试验费用由承包人承担，不合格的不得使用。发包人或监理人发现承包人使用不符合设计或有关标准要求的材料和工程设备时，有权要求承包人进行修复、拆除或重新采购，由此增加的费用和（或）延误的工期，由承包人承担。

（二）质量保证与管理

第一，发包人应按照法律规定及合同约定完成与工程质量有关的各项工作。

第二，承包人按照施工组织设计条款的约定向发包人和监理人提交工程质量保证体系及措施文件，建立完善的质量检查制度，并提交相应的工程质量文件。对于发包人和监理人违反法律规定和合同约定的错误指示，承包人有权拒绝实施。

第三，承包人应对施工人员进行质量教育和技术培训，定期考核施工人员的劳动技能，严格执行施工规范和操作规程。

第四，承包人应按照法律规定和发包人的要求，对材料、工程设备以及工程的所有部位及其施工工艺进行全过程的质量检查和检验，并做详细记录，编制工程质量报表，报送监理人审查。另外，承包人还应按照法律规定和发包人的要求，进行施工现场取样试验、工程复核测量和设备性能检测，提供试验样品、提交试验报告和测量成果以及其他工作。

第五，监理工程师在施工过程中应采用巡视、旁站、平行检验等方式监督检查承包人的施工工艺和产品质量，对建筑产品的生产过程进行严格控制。

（三）隐蔽工程与重新检验

1. 检验程序

（1）承包人自检

承包人应当对工程隐蔽部位进行自检，并经自检确认是否具备覆盖条件。工程隐蔽部位经承包人自检确认具备覆盖条件的，承包人应在共同检查前 48 小时书面通知监理人检查，通知中应载明隐蔽检查的内容、时间和地点，并应附有自检记录和必要的检查资料。

（2）监理检验

工程师接到承包人的请求验收通知后，监理人应按时到场并对隐蔽工程及其施工工艺、材料和工程设备进行检查。经监理人检查确认质量符合隐蔽要求，并在验收记录上签字后，承包人才能进行覆盖。经监理人检查质量不合格的，承包人应在监理人指示的时间内完成修复，并由监理人重新检查，由此增加的费用和（或）延误的工期由承包人承担。

监理人不能按时进行检查的，应在检查前 24 小时向承包人提交书面延期要求，但延期不能超过 48 小时，由此导致工期延误的，工期应予以顺延。监理人未按时进行检查，也未提出延期要求的，视为隐蔽工程检查合格，承包人可自行完成覆盖工作，并做相应记录报送监理人，监理人应签字确认。监理人事后对检查记录有疑问的，可按重新检查的条款约定重新检查。

2. 重新检查

承包人覆盖工程隐蔽部位后，发包人或监理人对质量有疑问的，可要求承包人对已覆盖的部位进行钻孔探测或揭开重新检查，承包人应遵照执行，并在检查后重新覆盖恢复原状。经检查证明工程质量符合合同要求的，由发包人承担由此增加的费用和（或）延误的工期，并支付承包人合理的利润；经检查证明工程质量不符合合同要求的，由此增加的费用和（或）延误的工期由承包人承担。

3. 承包人私自覆盖

承包人未通知监理人到场检查，私自将工程隐蔽部位覆盖的，监理人有权指示承包人钻孔探测或揭开检查，无论工程隐蔽部位质量是否合格，由此增加的费用和（或）延误的工期均由承包人承担。

（四）施工进度管理

1. 施工进度计划的修订

施工进度计划不符合合同要求或与工程的实际进度不一致的，承包人应向监理人提交修订的施工进度计划，并附具有关措施和相关资料，由监理人报送发包人。除专用合同条款另有约定外，发包人和监理人应在收到修订的施工进度计划后 7 天内完成审核和批准或提出修改意见。发包人和监理人对承包人提交的施工进度计划的确认，不能减轻或免除承包人根据法律规定和合同约定应承担的任何责任或义务。

2. 暂停施工

需要暂停施工的情况主要有：发包人要求暂停施工、承包人未经批准擅自施工或拒绝项目监理机构、承包人未按审查通过的工程设计文件施工、承包人违反工程建设强制性标准，施工存在重大质量、安全事故隐患或发生质量事故。

引起暂停施工的主要原因有发包人原因、承包人原因、行政监管、不可抗力四方面。

（1）暂停施工管理

①因发包人原因引起暂停施工的，监理人经发包人同意后，应及时下达暂停施工指示。

情况紧急且监理人未及时下达暂停施工指示的，按照紧急情况下的暂停施工的条款执行。因发包人原因引起的暂停施工，发包人应承担由此增加的费用和（或）延误的工期，并支付承包人合理的利润。

②因承包人原因引起暂停施工的，承包人应承担由此增加的费用和（或）延误的工期，且承包人在收到监理人复工指示后 84 天内仍未复工的，视为承包人违约，发包人有权解除合同。

③监理人认为有必要时，并经发包人批准后，可向承包人做出暂停施工的指示，承包人应按监理人指示暂停施工。

④因紧急情况须暂停施工，且监理人未及时下达暂停施工指示的，承包人可先暂停施工，并及时通知监理人。监理人应在接到通知后 24 小时内发出指示，逾期未发出指示，视为同意承包人暂停施工。监理人不同意承包人暂停施工的，应说明理由，承包人对监理人的答复有异议，按照争议解决条款的约定处理。

⑤暂停施工期间，承包人应负责妥善照管工程并提供安全保障，由此增加的费用由责任方承担。暂停施工期间，发包人和承包人均应采取必要的措施确保工程质量及安全，防止因暂停施工扩大损失。

（2）暂停施工后的复工

当工程具备复工条件时，监理人应经发包人批准后向承包人发出复工通知，承包人应按照复工通知要求复工。承包人无故拖延和拒绝复工的，承包人承担由此增加的费用和（或）延误的工期；因发包人原因无法按时复工的，按照因发包人原因导致工期延误条款的约定办理。

3. 工期延误

在合同履行过程中，因下列情况导致工期延误和（或）费用增加的，由发包人承担由此延误的工期和（或）增加的费用，且发包人应支付承包人合理的利润：

①发包人未能按合同约定提供图纸或所提供图纸不符合合同约定的。

②发包人未能按合同约定提供施工现场、施工条件、基础资料、许可、批准等开工条件的。

③发包人提供的测量基准点、基准线和水准点及其书面资料存在错误或疏漏的。

④发包人未能在计划开工日期之日起 7 天内同意下达开工通知的。

⑤发包人未能按合同约定日期支付工程预付款、进度款或竣工结算款的。

⑥监理人未按合同约定发出指示、批准等文件的。

⑦专用合同条款中约定的其他情形。

因发包人原因未按计划开工日期开工的，发包人应按实际开工日期顺延竣工日期，并由承包人修订施工进度计划，确保实际工期不低于合同约定的工期总日历天数。

因承包人原因造成工期延误的，可以在专用合同条款中约定逾期竣工违约金的计算方法和逾期竣工违约金的上限。承包人支付逾期竣工违约金后，不免除承包人继续完成工程及修补缺陷的义务。

（五）变更管理

发包人和监理人均可以提出变更。变更指示均通过监理人发出，监理人发出变更指示前应征得发包人同意。承包人收到经发包人签认的变更指示后，方可实施变更。未经许可，承包人不得擅自对工程的任何部分进行变更。涉及设计变更的，应由设计人提供变更后的图纸和说明。如变更超过原设计标准或批准的建设规模时，发包人应及时办理规划、设计变更等审批手续。

（六）计量与支付管理

由于签订合同时在工程量清单内开列的工程量是估计工程量，实际施工可能与其有差异，因此，发包人支付工程进度款前应对承包人完成的实际工程量予以确认或核实，按照承包人实际完成永久工程的工程量进行支付。

1. 计量原则与周期

工程量计量按照合同约定的工程量计算规则、图纸及变更指示等进行计量。工程量计算规则应以相关的国家标准、行业标准等为依据。除专用合同条款另有约定外，工程量的计量按月进行。付款周期与计量周期一致。

2. 进度付款申请单的编制

进度付款申请单应包括下列内容：
①截至本次付款周期已完成工作对应的金额。
②根据变更条款应增加和扣减的变更金额。
③根据预付款约定应支付的预付款和扣减的返还预付款。
④根据质量保证金约定应扣减的质量保证金。
⑤根据索赔应增加和扣减的索赔金额。
⑥对已签发的进度款支付证书中出现错误的修正，应在本次进度付款中支付或扣除的金额。
⑦根据合同约定应增加和扣减的其他金额。

3. 进度款支付管理

①监理人应在收到承包人进度付款申请单以及相关资料后7天内完成审查并报送发包

人，发包人应在收到后 7 天内完成审批并签发进度款支付证书。发包人逾期未完成审批且未提出异议的，视为已签发进度款支付证书。

发包人和监理人对承包人的进度付款申请单有异议的，有权要求承包人修正和提供补充资料，承包人应提交修正后的进度付款申请单。监理人应在收到承包人修正后的进度付款申请单及相关资料后 7 天内完成审查并报送发包人，发包人应在收到监理人报送的进度付款申请单及相关资料后 7 天内，向承包人签发无异议部分的临时进度款支付证书。存在争议的部分，按照争议解决条款的约定处理。

②发包人应在进度款支付证书或临时进度款支付证书签发后 14 天内完成支付，发包人逾期支付进度款的，应按照中国人民银行发布的同期同类贷款基准利率支付违约金。

③发包人签发进度款支付证书或临时进度款支付证书，不表明发包人已同意、批准或接受了承包人完成的相应部分的工作。

（七）材料、工程设备及工程的试验和检验

第一，承包人应按合同约定进行材料、工程设备及工程的试验和检验，并为监理人对上述材料、工程设备和工程的质量检查提供必要的试验资料和原始记录。按合同约定应由监理人与承包人共同进行试验和检验的，由承包人负责提供必要的试验资料和原始记录。

第二，试验属于自检性质的，承包人可以单独进行试验。试验属于监理人抽检性质的，监理人可以单独进行试验，也可由承包人与监理人共同进行。承包人对由监理人单独进行的试验结果有异议的，可以申请重新共同进行试验。约定共同进行试验的，监理人未按照约定参加试验的，承包人可自行试验，并将试验结果报送监理人，监理人应承认该试验结果。

第三，监理人对承包人的试验和检验结果有异议的，或为查清承包人试验和检验成果的可靠性要求承包人重新试验和检验的，可由监理人与承包人共同进行。重新试验和检验的结果证明该项材料、工程设备或工程的质量不符合合同要求的，由此增加的费用和（或）延误的工期由承包人承担；重新试验和检验结果证明该项材料、工程设备和工程的质量符合合同要求的，由此增加的费用和（或）延误的工期由发包人承担。

第四，承包人应按合同约定或监理人指示进行现场工艺试验。对大型的现场工艺试验，监理人认为必要时，承包人应根据监理人提出的工艺试验要求，编制工艺试验措施计划，报送监理人审查。

（八）价格调整

1. 市场价格波动引起的调整

市场价格波动引起的价格调整，前提是合同约定了固定价的风险范围，超出风险范围的，启动调价程序。价格如何调整，根据合同约定。合同当事人可以在专用合同条款中约

定选择以下一种方式对合同价格进行调整：

①采用价格指数进行价格调整。

②采用造价信息进行价格调整。

③专用合同条款约定的其他方式。

2. 法律变化引起的调整

基准日期后，法律变化导致承包人在合同履行过程中所需要的费用发生除市场价格波动引起的调整条款约定以外的增加时，由发包人承担由此增加的费用；减少时，应从合同价格中予以扣减。

①因法律变化引起的合同价格和工期调整，合同当事人无法达成一致的，由总监理工程师按商定或确定条款的约定处理。

②因承包人原因造成工期延误，在工期延误期间出现法律变化的，由此增加的费用和（或）延误的工期由承包人承担。

五、竣工阶段的合同管理

（一）工程试车

1. 试车程序

工程需要试车的，试车内容应与承包人承包范围相一致，试车费用由承包人承担。工程试车应按如下程序进行：

（1）单机无负荷试车

具备单机无负荷试车条件，承包人组织试车，并在试车前48小时书面通知监理人，通知中应载明试车内容、时间、地点。承包人准备试车记录，发包人根据承包人要求为试车提供必要条件。试车合格的，监理人在试车记录上签字。监理人在试车合格后不在试车记录上签字，自试车结束满24小时后视为监理人已经认可试车记录，承包人可继续施工或办理竣工验收手续。

监理人不能按时参加试车，应在试车前24小时以书面形式向承包人提出延期要求，但延期不能超过48小时，由此导致工期延误的，工期应予以顺延。监理人未能在前述期限内提出延期要求，又不参加试车的，视为认可试车记录。

（2）无负荷联动试车

具备无负荷联动试车条件，发包人组织试车，并在试车前48小时以书面形式通知承包人。通知中应载明试车内容、时间、地点和对承包人的要求，承包人按要求做好准备工作。试车合格，合同当事人在试车记录上签字。承包人无正当理由不参加试车的，视为认可试车记录。

2. 试车中的责任

因设计原因导致试车达不到验收要求，发包人应要求设计人修改设计，承包人按修改后的设计重新安装。发包人承担修改设计、拆除及重新安装的全部费用，工期相应顺延。因承包人原因导致试车达不到验收要求，承包人按监理人要求重新安装和试车，并承担重新安装和试车的费用，工期不予顺延。因工程设备制造原因导致试车达不到验收要求的，由采购该工程设备的合同当事人负责重新购置或修理，承包人负责拆除和重新安装，由此增加的修理、重新购置、拆除及重新安装的费用及延误的工期由采购该工程设备的合同当事人承担。

3. 投料试车

如须进行投料试车的，发包人应在工程竣工验收后组织投料试车。发包人要求在工程竣工验收前进行或需要承包人配合时，应征得承包人同意，并在专用合同条款中约定有关事项。

投料试车合格的，费用由发包人承担；因承包人原因造成投料试车不合格的，承包人应按照发包人要求进行整改，由此产生的整改费用由承包人承担；非因承包人原因导致投料试车不合格的，如发包人要求承包人进行整改的，由此产生的费用由发包人承担。

（二）竣工验收

工程验收是合同履行中的一个重要工作阶段，工程未经竣工验收或竣工验收未通过的，发包人不得使用。发包人强行使用时，由此发生的质量问题及其他问题，由发包人承担责任。竣工验收分为分项工程竣工验收和整体工程竣工验收两大类，视施工合同约定的工作范围而定。

1. 竣工验收条件

工程具备以下条件的，承包人可以申请竣工验收：

①除发包人同意的甩项工作和缺陷修补工作外，合同范围内的全部工程以及有关工作，包括合同要求的试验、试运行以及检验均已完成，并符合合同要求；

②已按合同约定编制了甩项工作和缺陷修补工作清单以及相应的施工计划；

③已按合同约定的内容和份数备齐竣工资料。

2. 竣工验收程序

①承包人向监理人报送竣工验收申请报告，监理人应在收到竣工验收申请报告后14天内完成审查并报送发包人。监理人审查后认为尚不具备验收条件的，应通知承包人在竣

工验收前承包人还须完成的工作内容，承包人应在完成监理人通知的全部工作内容后，再次提交竣工验收申请报告。

②监理人审查后认为已具备竣工验收条件的，应将竣工验收申请报告提交发包人，发包人应在收到经监理人审核的竣工验收申请报告后28天内审批完毕并组织监理人、承包人、设计人等相关单位完成竣工验收。

③竣工验收合格的，发包人应在验收合格后14天内向承包人签发工程接收证书。发包人无正当理由逾期不颁发工程接收证书的，自验收合格后第15天起视为已颁发工程接收证书。

④竣工验收不合格的，监理人应按照验收意见发出指示，要求承包人对不合格工程返工、修复或采取其他补救措施，由此增加的费用和（或）延误的工期由承包人承担。承包人在完成不合格工程的返工、修复或采取其他补救措施后，应重新提交竣工验收申请报告，并按本项约定的程序重新进行验收。

⑤工程未经验收或验收不合格，发包人擅自使用的，应在转移占有工程后7天内向承包人颁发工程接收证书；发包人无正当理由逾期不颁发工程接收证书的，自转移占有后第15天起视为已颁发工程接收证书。

3. 移交、接收全部与部分工程

合同当事人应当在颁发工程接收证书后7天内完成工程的移交。发包人无正当理由不接收工程的，发包人自应当接收工程之日起，承担工程照管、成品保护、保管等与工程有关的各项费用。承包人无正当理由不移交工程的，承包人应承担工程照管、成品保护、保管等与工程有关的各项费用，合同当事人可以在专用合同条款中另行约定承包人无正当理由不移交工程的违约责任。

（三）缺陷责任与保修

1. 工程保修原则

在工程移交发包人后，因承包人原因产生的质量缺陷，承包人应承担质量缺陷责任和保修义务。缺陷责任期届满，承包人仍应按合同约定的工程各部位保修年限承担保修义务。

2. 缺陷责任期

缺陷责任期从工程通过竣工验收之日起计算，合同当事人应在专用合同条款约定缺陷责任期的具体期限，但该期限最长不超过24个月。

单位工程先于全部工程进行验收，经验收合格并交付使用的，该单位工程缺陷责任期自单位工程验收合格之日起算。因承包人原因导致工程无法按合同约定期限进行竣工验收的，缺陷责任期从实际通过竣工验收之日起计算。因发包人原因导致工程无法按合同约定期限进行竣工验收的，在承包人提交竣工验收报告90天后，工程自动进入缺陷责任期；发包人未经竣工验收擅自使用工程的，缺陷责任期自工程转移占有之日起开始计算。

缺陷责任期内，由承包人原因造成的缺陷，承包人应负责维修，并承担鉴定及维修费用。如承包人不维修也不承担费用，发包人可按合同约定从保证金或银行保函中扣除，费用超出保证金额的，发包人可按合同约定向承包人进行索赔。承包人维修并承担相应费用后，不免除对工程的损失赔偿责任。发包人有权要求承包人延长缺陷责任期，并应在原缺陷责任期届满前发出延长通知。但缺陷责任期（含延长部分）最长不能超过24个月。

由他人原因造成的缺陷，发包人负责组织维修，承包人不承担费用，且发包人不得从保证金中扣除费用。

3. 质量保证金

经合同当事人协商一致扣留质量保证金的，应在专用合同条款中予以明确。在工程项目竣工前，承包人已经提供履约担保的，发包人不得同时预留工程质量保证金。

质量保证金的扣留有以下三种方式：

①在支付工程进度款时逐次扣留，在此情形下，质量保证金的计算基数不包括预付款的支付、扣回以及价格调整的金额。

②工程竣工结算时一次性扣留质量保证金。

③双方约定的其他扣留方式。

除专用合同条款另有约定外，质量保证金的扣留原则上采用上述第①种方式。

发包人累计扣留的质量保证金不得超过工程价款结算总额的3%。如承包人在发包人签发竣工付款证书后28天内提交质量保证金保函，发包人应同时退还扣留的作为质量保证金的工程价款；保函金额不得超过工程价款结算总额的3%。

发包人在退还质量保证金的同时按照中国人民银行发布的同期同类贷款基准利率支付利息。

发包人在接到承包人返还保证金申请后，应于14天内会同承包人按照合同约定的内容进行核实。如无异议，发包人应当按照约定将保证金返还给承包人。对返还期限没有约定或者约定不明确的，发包人应当在核实后14天内将保证金返还承包人，逾期未返还的，依法承担违约责任。发包人在接到承包人返还保证金申请后14天内不予答复，经催告后14天内仍不予答复，视同认可承包人的返还保证金申请。

（四）竣工结算

1. 竣工结算申请

承包人应在工程竣工验收合格后 28 天内向发包人和监理人提交竣工结算申请单，并提交完整的结算资料，有关竣工结算申请单的资料清单和份数等要求由合同当事人在专用合同条款中约定。

竣工结算申请单应包括以下内容：

①竣工结算合同价格。

②发包人已支付承包人的款项。

③应扣留的质量保证金。已缴纳履约保证金的或提供其他工程质量担保方式的除外。

④发包人应支付承包人的合同价款。

2. 竣工结算审核

①监理人应在收到竣工结算申请单后 14 天内完成核查并报送发包人。发包人应在收到监理人提交的经审核的竣工结算申请单后 14 天内完成审批，并由监理人向承包人签发经发包人签认的竣工付款证书。监理人或发包人对竣工结算申请单有异议的，有权要求承包人进行修正和提供补充资料，承包人应提交修正后的竣工结算申请单。

发包人在收到承包人提交竣工结算申请书后 28 天内未完成审批且未提出异议的，视为发包人认可承包人提交的竣工结算申请单，并自发包人收到承包人提交的竣工结算申请单后第 29 天起视为已签发竣工付款证书。

②发包人应在签发竣工付款证书后的 14 天内，完成对承包人的竣工付款。发包人逾期支付的，按照中国人民银行发布的同期同类贷款基准利率支付违约金；逾期支付超过 56 天的，按照中国人民银行发布的同期同类贷款基准利率的两倍支付违约金。

③承包人对发包人签认的竣工付款证书有异议的，对于有异议部分应在收到发包人签认的竣工付款证书后 7 天内提出异议，并由合同当事人按照专用合同条款约定的方式和程序进行复核，或按争议解决约定处理。对于无异议部分，发包人应签发临时竣工付款证书，并完成付款。承包人逾期未提出异议的，视为认可发包人的审批结果。

3. 最终结清

①最终结清申请单。承包人应在缺陷责任期终止证书颁发后 7 天内，按专用合同条款约定的份数向发包人提交最终结清申请单，并提供相关证明材料。最终结清申请单应列明质量保证金、应扣除的质量保证金、缺陷责任期内发生的增减费用。发包人对最终结清申请单内容有异议的，有权要求承包人进行修正和提供补充资料，承包人应向发包人提交修正后的最终结清申请单。

②最终结清证书和支付。发包人应在收到承包人提交的最终结清申请单后 14 天内完成审批并向承包人颁发最终结清证书。发包人逾期未完成审批，又未提出修改意见的，视为发包人同意承包人提交的最终结清申请单，且自发包人收到承包人提交的最终结清申请单后 15 天起视为已颁发最终结清证书。发包人应在颁发最终结清证书后 7 天内完成支付。发包人逾期支付的，按照中国人民银行发布的同期同类贷款基准利率支付违约金；逾期支付超过 56 天的，按照中国人民银行发布的同期同类贷款基准利率的两倍支付违约金。承包人对发包人颁发的最终结清证书有异议的，按争议解决的约定办理。

六、合同管理总结

企业应对项目的合同管理进行评价，总结合同订立和执行过程中的经验和教训，编写合同总结报告。合同总结报告应包含以下内容：

第一，合同订立情况评价。

第二，合同履行情况评价。

第三，合同管理工作评价。

第四，对本项目还有重大影响的合同条款评价。

第五，其他经验和教训。

第二节　建筑工程项目索赔的主要内容

一、施工索赔的概念

施工索赔是指施工合同当事人在合同实施过程中，根据法律、合同规定，对并非由于自己的过错，而是应由合同对方或第三方承担责任的情况造成的实际损失向对方提出给予补偿要求的行为。索赔是承包商和业主之间承担风险比例的合理分摊。

通常，施工索赔主要指的是承包人向发包人提出的索赔，发包人向承包人提出索赔，通常叫作反索赔。

二、施工索赔的种类

（一）按索赔事件所处合同状态分类

1. 正常施工索赔。这是最常见的索赔形式。

2. 工程停、缓建索赔。工程因不可抗力（如自然灾害、地震、战争、暴乱等）、政府法令、资金或其他原因必须中途停止施工引起的索赔。

3. 解除合同索赔。一方严重违约，另一方行使合同解除权引起的索赔。

（二）按索赔依据的范围分类

1. 合同内索赔

合同内索赔是指索赔所涉及的内容可以在履行的合同中找到条款依据。通常，合同内索赔的处理比较容易。

2. 合同外索赔

合同外索赔是指索赔所涉及的内容难以在合同条款及有关协议中找到依据，但可能来自民法、经济法及政府有关部门颁布的有关法规所赋予的权利。

3. 道义索赔

道义索赔是指索赔的依据无论在合同内还是合同外都找不到，发包人为了使自己的工程得到很好的进展，出于同情、信任、道义而给予的补偿。

（三）按索赔目的分类

1. 工期索赔

工期索赔是因为工期延长而进行的索赔。其包括两种情况：工期延误，由于一方过失导致工期延长；工期延期，主要由于第三方原因导致工期拖后。如在地基开挖过程中发现古墓、文物，在这种情况下，乙方可向甲方提出工期索赔。

2. 费用索赔

费用索赔又称经济索赔，是承包商由于施工条件的客观变化而增加了自己的开支时，要求业主付给增加的开支或亏损，弥补承包商的经济损失的一种索赔。

（四）按索赔处理方式分类

1. 单项索赔

承包人对某一事件的损失提出的索赔。

2. 综合索赔

综合索赔又称一揽子索赔，指承包人在工程竣工结算前，将施工过程中未得到解决的或对发包人答复不满意的单项索赔集中起来，综合提出一次索赔。

（五）按索赔的合同依据分类

1. 合同中明示的索赔

索赔涉及的内容可在合同文件中找到依据。如工程量计算规则，变更工程的计算和价格，不同原因引起的拖延。这类索赔不大容易发生争议。

2. 合同中默示的索赔

索赔的内容或权利虽然难以在合同条款中找出依据，但可以根据合同的某些条款的含义，推论出承包人有索赔权，如外汇汇率变化。

三、索赔程序与处理

（一）索赔程序

根据合同约定，承包人认为有权得到追加付款和（或）延长工期的，应按以下程序向监理人提出索赔：

第一，承包人应在知道或应当知道索赔事件发生后 28 天内，向监理人递交索赔意向通知书，并说明发生索赔事件的事由；承包人未在前述 28 天内发出索赔意向通知书的，丧失要求追加付款和（或）延长工期的权利。

第二，承包人应在发出索赔意向通知书后 28 天内，向监理人正式递交索赔报告；索赔报告应详细说明索赔理由以及要求追加的付款金额和（或）延长的工期，并附必要的记录和证明材料。

第三，索赔事件具有持续影响的，承包人应按合理时间间隔继续递交延续索赔通知，说明持续影响的实际情况和记录，列出累计的追加付款金额和（或）工期延长天数。

第四，在索赔事件影响结束后 28 天内，承包人应向监理人递交最终索赔报告，说明最终要求索赔的追加付款金额和（或）延长的工期，并附必要的记录和证明材料。

（二）索赔处理

第一，监理人应在收到索赔报告后 14 天内完成审查并报送发包人。监理人对索赔报告存在异议的，有权要求承包人提交全部原始记录副本。

第二，发包人应在监理人收到索赔报告或有关索赔的进一步证明材料后的 28 天内，由监理人向承包人出具经发包人签认的索赔处理结果。发包人逾期答复的，则视为认可承包人的索赔要求。

第三，承包人接受索赔处理结果的，索赔款项在当期进度款中进行支付；承包人不接受索赔处理结果的，按照争议解决条款约定处理。

四、索赔意向通知书

1. 索赔事件发生的时间、地点或工程部位。

2. 索赔事件发生的双方当事人或其他有关人员。

3. 索赔事件发生的原因及性质，特别说明并非承包人的责任。

4. 承包人对索赔事件发生后的态度，特别应说明承包人为控制事件的发展、减少损失所采取的行动。

5. 写明事件的发生将会使承包人产生额外经济支出或其他不利影响。

6. 提出索赔意向，注明合同条款依据。

五、索赔报告

索赔报告是承包人提交的要求发包人给予一定经济赔偿或延长工期的重要文件。索赔报告的具体内容，随该索赔事件的性质和特点而有所不同。一般来说，完整的索赔报告应包括总论、根据、计算和证据四个部分。

六、索赔的计算

（一）索赔费用的组成

索赔费用包括人工费、机械使用费、材料费、管理费、利润、利息、分包费用和保函手续费等。

（二）费用索赔的计算

费用索赔的计算方法有实际费用法、总费用法和修正总费用法等。其中，实际费用法是计算工程索赔时最常用的一种方法。

1. 实际费用法

该方法是按照各索赔事件所引起损失的费用项目分别分析计算索赔值，然后将各费用项目的索赔值汇总，即可得到总索赔费用值。这种方法以承包商为某项索赔工作所支付的实际开支为依据，但仅限于由索赔事项引起的、超过原计划的费用，故也称额外成本法。在这种计算方法中，需要注意的是不要遗漏费用项目。

2. 总费用法

总费用法又称总成本法，就是当发生多项索赔事件以后，按实际总费用减去投标报价时的估算费用计算索赔金额的一种方法。

3. 修正总费用法

这种方法是对总费用法的改进，即在总费用计算的原则上，去掉一些不确定的可能因素，对总费用法进行相应的修改和调整，使其更加合理。其计算公式如下：

索赔金额＝某项工作调整后的实际总费用－该项工作的报价费用

七、反索赔

反索赔即业主向承包商提出的索赔，一般分为工程拖期索赔和施工缺陷索赔两类。

（一）反索赔的程序

根据合同约定，发包人认为有权得到赔付金额和（或）延长缺陷责任期的，监理人应向承包人发出通知并附有详细的证明。

发包人应在知道或应当知道索赔事件发生后 28 天内通过监理人向承包人提出索赔意向通知书，发包人未在前述 28 天内发出索赔意向通知书的，丧失要求赔付金额和（或）延长缺陷责任期的权利。发包人应在发出索赔意向通知书后 28 天内，通过监理人向承包人正式递交索赔报告。

（二）反索赔的处理

对发包人索赔的处理如下：

第一，承包人收到发包人提交的索赔报告后，应及时审查索赔报告的内容、查验发包人证明材料。

第二，承包人应在收到索赔报告或有关索赔的进一步证明材料后 28 天内，将索赔处理结果答复发包人。如果承包人未在上述期限内做出答复的，则视为对发包人索赔要求的认可。

第三，承包人接受索赔处理结果的，发包人可从应支付给承包人的合同价款中扣除赔付的金额或延长缺陷责任期；发包人不接受索赔处理结果的，按争议解决条款的约定处理。

第三节　建筑工程项目成本管理概述

一、施工成本的构成

施工成本是指在建设工程项目的施工过程中所发生的全部生产费用的总和，包括消耗的原材料、辅助材料、构配件等的费用，周转材料的摊销费或租赁费，施工机械的使用费或租赁费，支付给生产工人的工资、奖金、工资性质的津贴等，以及进行施工组织与管理所发生的全部费用支出。建筑工程项目施工成本由直接成本和间接成本组成。

直接成本是指施工过程中耗费的构成工程实体或有助于工程实体形成的各项费用支出，是可以直接计入工程对象的费用，包括人工费、材料费、施工机械使用费和施工措施费等。

间接成本是指为施工准备、组织和管理施工生产的全部费用的支出，无法直接用于也无法直接计入工程对象的，但又是为进行工程施工所必须发生的费用，包括管理人员工资、办公费、差旅交通费等。

二、施工成本管理的环节

施工成本管理就是要在保证工期和质量满足要求的情况下，采取相关管理措施，包括组织措施、经济措施、技术措施、合同措施，把成本控制在计划范围内，并进一步寻求最大限度的成本节约。施工成本管理的环节主要包括施工成本预测、施工成本计划、施工成本控制、施工成本核算、施工成本分析、施工成本考核。

（一）施工成本预测

施工成本预测是指根据成本信息和工程项目的具体情况，运用一定的专门方法，对未来的成本水平及其可能的发展趋势进行科学的估计，它是在工程施工以前对成本进行的估算。通过成本预测，可以在满足项目业主和本企业要求的前提下，选择成本低、效益好的最佳成本方案，并能够在工程项目成本形成过程中，针对薄弱环节，加强成本控制，克服盲目性，提高预见性。因此，施工成本预测是工程项目成本决策与计划的依据。施工成本预测，通常是对工程项目计划工期内影响其成本变化的各个因素进行分析，比照近期已完工工程项目或将完工工程项目的成本（单位成本），预测这些因素对工程成本中有关项目（成本项目）的影响程度，预测出工程的单位成本或总成本。

（二）施工成本计划

施工成本计划是指以货币形式编制的工程项目在计划期内的生产费用、成本水平、成本降低率以及为降低成本所采取的主要措施和规划的书面方案，它是建立工程项目成本管理责任制、开展成本控制和核算的基础，是该工程项目降低成本的指导文件，是设立目标成本的依据。

（三）施工成本控制

施工成本控制是指在施工过程中，对影响项目施工成本的各种因素加强管理，并采取各种有效措施，将施工中实际发生的各种消耗和支出严格控制在成本计划范围内，严格审查各项费用是否符合标准，计算实际成本和计划成本之间的差异并进行分析，进而采取多种形式，消除施工中的损失浪费现象。工程项目成本控制应贯穿从投标阶段开始直到项目竣工验收的全过程中，它是企业全面成本管理的重要环节。施工成本控制可分为事先控制、事中控制（过程控制）和事后控制等。在项目的施工过程中，须按动态控制原理对实际施工成本的发生过程进行有效控制。

（四）施工成本核算

施工成本核算包括两个基本环节：一是按照规定的成本开支范围对施工费用进行归集和分配，计算出施工费用的实际发生额；二是根据成本核算对象，采用适当的方法，计算出该工程项目的总成本和单位成本。施工成本管理需要正确及时地核算施工过程中发生的各项费用，计算工程项目的实际成本。工程项目成本核算所提供的各种成本信息，是成本预测、成本计划、成本控制、成本分析和成本考核等各个环节的依据。施工成本一般以单位工程为成本核算对象。施工成本核算的基本内容主要包括：人工费核算、材料费核算、机械使用费核算、措施费核算、间接费核算、分包工程成本核算、项目月度施工成本报告编制。

对竣工工程的成本核算，应区分为竣工工程现场成本和竣工工程完全成本，分别由项目经理部和企业财务部进行核算分析，其目的在于分别考核项目管理绩效和企业经营效益。

（五）施工成本分析

施工成本分析是在施工成本核算的基础上，对成本的形成过程和影响成本升降的因素进行分析，以寻求进一步降低成本的途径。施工成本分析包括有利偏差的挖掘和不利偏差的纠正。

施工成本分析贯穿于施工成本管理的全过程，它是在成本的形成过程中，主要利用工程项目的成本核算资料（成本信息），与目标成本、预算成本以及类似的工程项目的实际成本等进行比较，了解成本的变动情况，同时也要分析主要技术经济指标对成本的影响，系统地研究成本变动的因素，检查成本计划的合理性，并通过成本分析，深入揭示成本变动的规律，寻找降低工程项目成本的途径，以便有效地进行成本控制。成本偏差的控制，分析是关键，纠偏是核心，要针对分析得出的偏差发生原因，采取切实措施，加以纠正。

（六）施工成本考核

施工成本考核是指在工程项目完成后，对工程项目成本形成中的各责任者，按工程项目成本目标责任制的有关规定，将成本的实际指标与计划、定额、预算进行对比和考核，评定工程项目成本计划的完成情况和各责任者的业绩，并以此给予各责任者相应的奖励和处罚。通过成本考核，做到有奖有惩、赏罚分明，这样才能有效地调动每一位员工在各自的岗位上努力完成目标成本的积极性，为降低工程项目成本和增加企业的业绩，做出自己的贡献。施工成本考核是衡量成本降低的实际成果，也是对成本指标完成情况的总结和评价。

施工成本管理中的每一个环节都是相互联系和相互作用的。成本预测是成本决策的前提，成本计划是成本决策所确定目标的具体化。成本控制则是对成本计划的实施进行控制和监督，保证决策的成本目标的实现。而成本核算又是对成本计划是否实现的最后检验，它所提供的成本信息又对下一个工程项目的成本预测和决策提供基础资料。成本考核是实现成本目标责任制的保证和实现决策目标的重要手段。

三、施工成本管理的措施

为了取得施工成本管理的理想成效，应当从多方面采取措施实施成本管理，通常可以将这些措施归纳为四方面，即组织措施、技术措施、经济措施和合同措施。

（一）组织措施

组织措施是从施工成本管理的组织方面采取的措施。施工成本控制是全员的活动，如实行项目经理责任制，落实施工成本管理的组织机构和人员，明确各级施工成本管理人员的任务和职能分工、权利和责任。施工成本管理不仅是专业成本管理人员的工作，也是各级项目管理人员都负有的责任。

组织措施的另一方面是编制施工成本控制工作计划、确定合理详细的工作流程。要做好施工采购规划，通过生产要素的优化配置、合理使用、动态管理，有效控制实际成本；加强施工定额管理和施工任务单管理，控制活劳动和物化劳动的消耗；加强施工调度，避免因施工计划不周和盲目调度造成的窝工损失、机械利用率降低、物料积压等而使施工成本增加。成本控制工作只有建立在科学管理的基础之上，具备合理的管理体制、完善的规章制度、稳定的作业秩序、完整准确的信息传递渠道，才能取得成效。组织措施是其他各类措施的前提和保障，而且一般不需要增加什么费用，运用得当可以收到良好的效果。

（二）技术措施

技术措施不仅对解决施工成本管理过程中的技术问题来说是不可缺少的，而且对纠正施工成本管理目标偏差也有相当重要的作用。因此，运用技术纠偏措施的关键：一是要能提出多个不同的技术方案；二是要对不同的技术方案进行技术经济分析。

施工过程中降低成本的技术措施包括：第一，进行技术经济分析，确定最佳的施工方案；第二，结合施工方法，进行材料使用的比选，在满足功能要求的前提下，通过代用、改变配合比、使用添加剂等方法降低材料消耗的费用；第三，确定最合适的施工机械、设备使用方案；第四，结合项目的施工组织设计及自然地理条件，降低材料的库存成本和运输成本；第五，先进施工技术的应用、新材料的运用、新开发机械设备的使用等。

（三）经济措施

经济措施是最易为人们所接受和采用的措施。管理人员应编制资金使用计划，确定、分解施工成本管理目标；对施工成本管理目标进行风险分析，并制定防范性对策；对各种支出，应认真做好资金的使用计划，并在施工中严格控制各项开支；及时准确地记录、收集、整理、核算实际发生的成本；对各种变更，及时做好增减账，及时落实业主签证，及时结算工程款；通过偏差分析和对未完工工程预测，发现一些潜在的将引起未完工程施工成本增加的问题，对这些问题以主动控制为出发点，及时采取预防措施。由此可见，经济措施的运用绝不仅仅是财务人员的事情。

（四）合同措施

采用合同措施控制施工成本，应贯穿整个合同周期，包括从合同谈判开始到合同终结的全过程。首先，选用合适的合同结构，对各种合同结构模式进行分析、比较，在合同谈判时，要争取选用适合于工程规模、性质和特点的合同结构模式。其次，在合同的条款中应仔细考虑一切影响成本和效益的因素，特别是潜在的风险因素。通过对引起成本变动的风险因素的识别和分析，采取必要的风险对策，如通过合理的方式，增加承担风险的个体数量，降低损失发生的概率，并最终使这些策略反映在合同的具体条款中。在合同执行期间，合同管理的措施既要密切注视对方合同执行的情况，以寻求合同索赔的机会；同时也要密切关注自己履行合同的情况，以防止被对方索赔。

第四节　建筑工程项目成本控制

一、施工成本计划

（一）施工成本计划的类型

对于一个工程项目而言，其成本计划的编制是一个不断深化的过程，在这一过程的不同阶段形成深度和作用不同的成本计划。按成本计划的作用可将其分为三类。

1. 竞争性成本计划

竞争性成本计划是工程投标及签订合同阶段的估算成本计划。这类成本计划是以招标文件为依据，以投标竞争策略与决策为出发点，按照预测分析，采用估算或概算定额编制而成。这种成本计划虽然也着力考虑降低成本的途径和措施，但总体上都较为粗略。

2.指导性成本计划

指导性成本计划是选派工程项目经理阶段的预算成本计划。这是在进行项目投标过程总结、合同评审、部署项目实施时，以合同标书为依据，以组织经营方针、目标为出发点，按照设计预算标准提出的项目经理的责任成本目标，且一般情况下只是确定责任总成本指标。

3.实施性成本计划

实施性成本计划是指项目施工准备阶段的施工预算成本计划，它是以项目实施方案为依据，以落实项目经理责任目标为出发点，采用组织施工定额并通过施工预算的编制而形成的成本计划。

以上三类成本计划的互相衔接和不断深化，构成了整个工程施工成本的计划过程。其中，竞争性成本计划带有成本战略的性质，是项目投标阶段商务标书的基础，而有竞争力的商务标书又是以其先进合理的技术标书为支撑的。因此，它奠定了施工成本的基本框架和水平。指导性成本计划和实施性成本计划，都是竞争性成本计划的进一步展开和深化，是对竞争性成本计划的战术安排。

（二）施工预算和施工图预算的对比

施工预算和施工图预算虽一字之差，但区别较大，二者相比较，不同之处有如下三点：

1.编制的依据不同

施工预算的编制以施工定额为主要依据，施工图预算的编制以预算定额为主要依据，而施工定额比预算定额划分得更详细、更具体，并对其中所包括的内容，如质量要求、施工方法以及所需劳动工日、材料品种、规格型号等均有较详细的规定或要求。

2.适用的范围不同

施工预算是施工企业内部管理用的一种文件，与建设单位无直接关系；而施工图预算既适用于建设单位，又适用于施工单位。

3.发挥的作用不同

施工预算既是施工企业组织生产、编制施工计划、准备现场材料、签发任务书、考核功效、进行经济核算的依据，也是施工企业改善经营管理、降低生产成本和推行内部经营承包责任制的重要手段；而施工图预算则是投标报价的主要依据。

（三）施工成本计划的编制依据

施工成本计划是工程项目成本控制的一个重要环节，是实现降低施工成本任务的指导性文件。如果针对工程项目所编制的成本计划达不到目标成本要求时，就必须组织工程项目管理班子的有关人员重新寻找降低成本的途径，重新进行编制。同时，编制成本计划的过程也是动员全体工程项目管理人员的过程，是挖掘降低成本潜力的过程，是检验施工技术质量管理、工期管理、物资消耗和劳动力消耗管理等是否落实的过程。

编制施工成本计划，需要广泛收集相关资料并进行整理，作为施工成本计划编制的依据。在此基础上，根据有关设计文件、工程承包合同、施工组织设计、施工成本预测等资料，按照工程项目应投入的生产要素，结合各种因素的变化和拟采取的各种措施，估算工程项目生产费用支出的总水平，进而提出工程项目的成本计划控制指标，确定目标总成本。目标总成本确定后，应将总目标分解落实到各个机构、班组及便于进行控制的子项目或工序。最后，通过综合平衡，编制成施工成本计划。

施工成本计划的编制依据包括：投标报价文件；企业定额、施工预算；施工组织设计或施工方案；人工、材料、机械台班的市场价；企业颁布的材料指导价、企业内部机械台班价格、劳动力内部挂牌价格；周转设备内部租赁价格、摊销损耗标准；已签订的工程合同、分包合同（或估价书）；结构件外加工计划和合同；有关财务成本核算制度和财务历史资料；施工成本预测资料；拟采取的降低施工成本的措施；其他相关资料等方面。

（四）施工成本计划的编制方法

施工成本计划的编制以成本预测为基础，关键是确定目标成本。施工成本计划的制订，须结合施工组织设计的编制过程，通过不断地优化施工技术方案和合理配置生产要素，进行工、料、机消耗的分析，制定一系列节约成本的措施，确定施工成本计划。一般情况下，施工成本计划总额应控制在目标成本的范围内，并使成本计划建立在切实可行的基础上。

施工总成本目标确定之后，还须通过编制详细的实施性施工成本计划把目标成本层层分解，落实到施工过程的每个环节，有效地进行成本控制。施工成本计划的编制方式有按施工成本组成编制施工成本计划、按项目组成编制施工成本计划、按工程进度编制施工成本计划。

1. 按施工成本组成编制施工成本计划

施工成本可以按成本组成分解为人工费、材料费、施工机械使用费、措施费和间接费，编制施工成本计划时可按施工成本组成进行。

2. 按项目组成编制施工成本计划

大中型工程项目通常是由若干单项工程构成的，而每个单项工程包括了多个单位工程，每个单位工程又是由若干个分部分项工程所构成。因此，首先要把项目的施工成本分解到单项工程和单位工程中，再进一步分解到分部工程和分项工程。

在编制成本计划时，要在项目总的方面考虑总的预备费，也要在主要的分部分项工程中安排适当的不可预见费。

3. 按工程进度编制施工成本计划

在建立网络图时，一方面应确定完成各项工作所须花费的时间，另一方面应同时确定完成这一工作的合适的施工成本支出计划。在实践中，将工程项目分解为既能方便地表示时间，又能方便地表示施工成本计划的工作是不容易的。通常，如果项目分解程度对时间控制合适的话，则对施工成本计划可能分解过细，以致不可能对每项工作确定其施工成本计划；反之亦然。因此在编制网络计划时，应在充分考虑进度控制对项目划分要求的同时，还要考虑确定施工成本计划对项目划分的要求，做到两者兼顾。

二、施工成本控制

（一）施工成本控制的依据

施工成本控制的主要依据有以下几方面：

1. 工程承包合同

施工成本控制要以工程承包合同为依据，围绕降低工程成本这个目标，从预算收入和实际成本两方面，努力挖掘增收节支潜力，以求获得最大的经济效益。

2. 施工成本计划

施工成本计划是根据工程项目的具体情况制订的施工成本控制方案，既包括预定的具体成本控制目标，又包括实现控制目标的措施和规划，是施工成本控制的指导性文件。

3. 进度报告

进度报告提供了每一时刻的工程实际完成量、工程施工成本实际支付情况等重要信息。施工成本控制工作正是通过实际情况与施工成本计划的比较，找出二者之间的差别，分析偏差产生的原因，从而采取措施进行改进的工作。此外，进度报告还有助于管理者及时发现工程实施中存在的问题，并在事态还未造成重大损失之前采取有效措施，尽量避免损失。

4. 工程变更

在项目的实施过程中，由于各方面的原因，工程变更是很难避免的。工程变更一般包括设计变更、进度计划变更、施工条件变更、技术规范与标准变更、施工次序变更、工程数量变更等。一旦出现变更，工程量、工期、成本都必将发生变化，从而使得施工成本控制工作变得更加复杂和困难。因此，施工成本管理人员应当通过对变更要求中的各类数据的计算、分析，随时掌握变更情况，包括已发生工程量、将要发生工程量、工期是否拖延、支付情况等重要信息，判断变更以及变更可能带来的索赔额度等。

除了上述几种施工成本控制工作的主要依据以外，施工组织设计、分包合同等也都是施工成本控制的依据。

（二）施工成本控制的步骤

施工成本控制的步骤如下：

1.比较

按照某种确定的方式将施工成本的计划值和实际值逐项进行比较，以便发现施工成本是否已超支。

2.分析

在比较的基础上，对比较的结果进行分析，以确定偏差的严重性及偏差产生的原因。这一步是施工成本控制工作的核心，其主要目的在于找出产生偏差的原因，从而采取有针对性的措施，避免或减少相同原因的再次发生或减少由此造成的损失。

3.预测

根据项目实施情况估算整个项目完成时的施工成本。预测的目的在于为决策提供支持。

4.纠偏

当工程项目的实际施工成本出现了偏差，应当根据工程的具体情况、偏差分析和预测的结果，采用适当的措施，以期达到使施工成本偏差尽可能小的目的。纠偏是施工成本控制中最具实质性的一步。只有通过纠偏，才能最终达到有效控制施工成本的目的。

5.检查

检查是指对工程的进展进行跟踪和检查，及时了解工程进展状况以及纠偏措施的执行情况和效果，为今后的工作积累经验。

（三）施工成本控制的方法

1.施工成本的过程控制方法

施工阶段是控制建设工程项目成本发生的主要阶段，它通过确定成本目标并按计划成本进行施工、资源配置，对施工现场发生的各种成本费用进行有效控制，其具体的控制方法如下。

（1）人工费的控制

人工费的控制实行"量价分离"的方法，将作业用工及零星用工按定额工日的一定比例综合确定用工数量与单价，通过劳务合同进行控制。

（2）材料费的控制

材料费的控制同样按照"量价分离"原则，控制材料用量和材料价格。材料用量的控制是指通过定额管理、计量管理等手段有效控制材料物资的消耗，具体方法包括定额控制、指标控制、计量控制和包干控制。材料价格的控制是指通过掌握市场信息，应用招标和询价等方式控制材料、设备的采购价格。

（3）施工机械使用费的控制

合理选择施工机械设备及合理使用施工机械设备对成本控制具有十分重要的意义，尤其是高层建筑施工。施工机械使用费主要由台班数量和台班单价两方面决定。

（4）施工分包费用的控制

分包工程价格的高低，必然对项目经理部的施工成本产生一定的影响。因此，施工成本控制的重要工作之一是对分包价格的控制。项目经理部应在确定施工方案的初期就确定出需要分包的工程范围。决定分包范围的因素主要是工程项目的专业性和项目规模。对分包费用的控制，主要是要做好分包工程的询价、订立平等互利的分包合同、建立稳定的分包关系网络、加强施工验收和分包结算等工作。

2. 挣值法

挣值法（EVM）是20世纪70年代美国最先开始研究的，它首先在国防工业中应用并获得成功，然后推广到其他工业领域的项目管理中。20世纪80年代，世界上主要的工程公司均已采用挣值法作为项目管理和控制的准则，并做了大量基础性工作，完善了挣值法在项目管理和控制中的应用。

挣值法是通过分析项目实际完成情况与计划完成情况的差异，从而判断项目费用、进度是否存在偏差的一种方法。挣值法主要用三个费用值和四个评价指标进行分析，分别是已完工作预算费用（BCWP）、已完工作实际费用（ACWP）、计划完成工作预算费用（BCWS）和费用偏差（CV）、进度偏差（SV）、费用绩效指数（CPI）、进度绩效指数（SPI）。

（1）挣值法的三个费用值

已完工作预算费用（BCWP）＝已完工程量×预算单价

已完工作实际费用（ACWP）＝已完工程量×实际单价

计划完成工作预算费用（BCWS）＝计划工程量×预算单价

（2）挣值法的四个评价指标

①费用偏差（CV）

费用偏差（CV）= 已完工作预算费用（BCWP）- 已完工作实际费用（ACWP）

当 CV 为正值时，表示节支，项目运行实际费用低于预算费用；当 CV 为负值时，表示项目运行实际费用超出预算费用。

②进度偏差（SV）

进度偏差（SV）= 已完工作预算费用（BCWP）- 计划完成工作预算费用（BCWS）

当 SV 为正值时，表示进度提前，即实际进度快于计划进度；当 SV 为负值时，表示进度延误，即实际进度落后于计划进度。

③费用绩效指数（CPI）

费用绩效指数（CPI）= 已完工作预算费用（BCWP）/ 已完工作实际费用（ACWP）

当 CPI ＞ 1 时，表示节支，即实际费用低于预算费用；当 CPI ＜ 1 时，表示超支，即实际费用高于预算费用。

④进度绩效指数（SPI）

进度绩效指数（SPI）= 已完工作预算费用（BCWP）/ 计划完成工作预算费用（BSWS）

当 SPI ＞ 1 时，表示进度提前，即实际进度快于计划进度；当 SPI ＜ 1 时，表示进度延误，即实际进度比计划进度拖后。

3. 偏差分析的表达方法

偏差分析可以采用不同的表达方法，常用的有横道图法、表格法和曲线法。

（1）横道图法

用横道图法进行费用偏差分析，是用不同的横道标识已完工作预算费用（BCWP）、计划完成工作预算费用（BCWS）和已完工作实际费用（ACWP），横道的长度与其金额成正比。横道图法具有形象、直观、一目了然等优点，它能够准确表达出费用的绝对偏差，而且能一眼感受到偏差的严重性。但这种方法反映的信息量少，一般在项目的较高管理层中应用。

（2）表格法

表格法是进行偏差分析最常用的一种方法，它将项目编号、名称、各费用参数以及费用偏差数综合归纳到一张表格，并且直接在表格中进行比较。由于各偏差参数都在表中列出，使得费用管理者能够综合地了解并处理这些数据。用表格法进行偏差分析具有如下优点：

①灵活、适用性强。可根据实际需要设计表格，进行增减项。

②信息量大。可以反映偏差分析所需的资料，从而有利于费用控制人员及时采取针对性措施，加强控制。

③表格处理可借助于计算机，从而节约大量数据处理所需的人力，并大大提高速度。

（3）曲线法

在项目实施过程中，以上三个参数可以形成三条曲线，即计划完成工作预算费用（BCWS）、已完工作预算费用（BCWP）、已完工作实际费用（ACWP）。CV=BCWP-ACWP，由于两项参数均以已完工作为计算基准，所以两项参数之差，反映项目进展的费用偏差。SV=BCWP-BCWS，由于两项参数均以预算值（计划值）作为计算基准，所以两者之差，反映项目进展的进度偏差。

第九章 建筑工程项目安全管理

第一节 建筑工程项目安全管理概述

一、安全管理

安全管理是一门技术科学，它是介于基础科学与工程技术之间的综合性科学。它强调理论与实践的结合，重视科学与技术的全面发展。安全管理的特点是把人、物、环境三者进行有机的联系，试图控制人的不安全行为、物的不安全状态和环境的不安全条件，解决人、物、环境之间不协调的矛盾，排除影响生产效益的人为和物质的阻碍事件。

（一）安全管理的定义

安全管理同其他学科一样，有它自己特定的研究对象和研究范围。安全管理是研究人、物、环境三者之间的协调性，对安全工作进行决策、计划、组织、控制和协调；在法律制度、组织管理、技术和教育等方面采取综合措施，控制人、物、环境的不安全因素，以实现安全生产为目的的一门综合性学科。安全管理涉及人、物、环境相互关系协调的问题，有其独特的理论体系，并运用理论体系提出解决问题的方法。与安全管理相关的学科包括劳动心理学、劳动卫生学、统计科学、计算科学、运筹学、管理科学、安全系统工程、人机工程、可靠性工程、安全技术等。在工程技术方面，安全管理已广泛地应用于基础工业、交通运输、军事及尖端技术工业等。

安全管理是管理科学的一个分支，也是安全工程学的一个重要组成部分。安全工程学包括安全技术、工业卫生工程及安全管理。

安全技术是安全工程的技术手段之一。它着眼于对生产过程中物的不安全因素和环境的不安全条件，采用技术措施进行控制，以保证物和环境安全、可靠，达到技术安全的目的。

工业卫生工程也是安全工程的技术手段之一。它着眼于消除或控制生产过程中对人体健康产生影响或危害的有害因素，从而保证安全生产。

安全管理则是安全工程的组织、计划、决策和控制过程，它是保障安全生产的一种管理措施。

总之，安全管理是研究人、物、环境三者之间的协调性，对安全工作进行决策、计划、组织、控制和协调；在法律制度、组织管理、技术和教育等方面采取综合措施，控制人、物、环境的不安全因素，以实现安全生产为目的的一门综合性学科。

（二）安全管理的目的

企业安全管理是遵照国家的安全生产方针、安全生产法规，根据企业实际情况，从组织管理与技术管理上提出相应的安全管理措施，在对国内外安全管理经验教训、研究成果借鉴的基础上，寻求适合企业实际的安全管理方法。而这些管理措施和方法的作用都在于控制和消除影响企业安全生产的不安全因素、不卫生条件，从而保障企业生产过程中不发生人身伤亡事故和职业病，不发生火灾、爆炸事故，不发生设备事故。因此，安全管理的目的如下：

1.确保生产场所及生产区域周边范围内人员的安全与健康

要消除危险、危害因素，控制生产过程中伤亡事故和职业病的发生，保障企业内和周边人员的安全与健康。

2.保护财产和资源

要控制生产过程中设备事故和火灾、爆炸事故的发生，避免由不安全因素导致的经济损失。

3.保障企业生产顺利进行

提高效率，促进生产发展，是安全管理的根本目的和任务。

4.促进社会生产发展

安全管理的最终目的就是维护社会稳定、建立和谐社会。

（三）安全管理的主要内容

安全与生产是相辅相成的，没有安全管理保障，生产就无法进行；反之，没有生产活动，也就不存在安全问题。通常所说的安全管理，是针对生产活动中的安全问题，围绕着企业安全生产所进行的一系列管理活动。安全管理是控制人、物、环境的不安全因素，所以安全管理工作主要内容大致如下：

第一，安全生产方针与安全生产责任制的贯彻实施。

第二，安全生产法规、制度的建立与执行。

第三，事故与职业病预防管理。

第四，安全预测、决策及规划。

第五，安全教育与安全检查。

第六，安全技术措施计划的编制与实施。

第七，安全目标管理、安全监督与监察。

第八，事故应急救援。

第九，职业安全健康管理体系的建立。

第十，企业安全文化建设。

随着生产的发展，新技术、新工艺的应用，以及生产规模的扩大，产品品种的不断增多与更新，职工队伍的不断壮大与更替，加之生产过程中环境因素的随时变化，企业生产会出现许多新的安全问题。当前，随着改革的不断深入，安全管理的对象、形式及方法也随着市场经济的要求而发生变化。因此，安全管理的工作内容要不断适应生产发展的要求，随时调整和加强工作重点。

（四）安全管理的产生和发展

1. 安全管理的产生

（1）安全意识的出现

科学的产生和发展，从开始起便是由生产所决定的。安全管理这门科学和其他科学一样，也是随生产的发展，特别是工业生产的发展而发展的。

自人类出现开始，安全问题就存在。人类需要保护自己，要与自然灾害做斗争，警惕凶猛野兽的袭击和强大邻居的骚扰，他们有觉察危险迹象的本能，并且知道评价危险程度和做出防护反应。

科学技术的进步、生产的发展，提高了生产力，促进了社会的发展。然而，在技术进步和生产发展的同时，也会产生许多威胁人类安全与健康的问题。而要解决这些问题就需要从安全管理、安全技术、职业卫生等方面采取措施。

（2）安全隐患

火的发明和应用，改变了人类饮食、促进了人类文明，为生产和生活提供热源等，但在使用过程中往往会引起灼烫、火灾、爆炸等事故。为防止灼烫、火灾、爆炸等事故发生，需要有消防管理、防火防爆安全技术措施来应对。

电是能源、动力，现代社会离不开电，但人们在发电、送电、变配电和用电过程中往往会发生触电、电气火灾、电离辐射等事故和职业危害。为防止触电、电气火灾等事故，以及电离辐射危害，需要对电气设备加强安全管理，需要采取电气安全技术措施保证安全。

空压机、球磨机的发明和应用，提高了生产效率，但空压机、球磨机在运行过程中所生产的噪声、振动等给作业人员健康带来一定的影响，这就需要采取管理与技术措施，解决噪声及振动的问题。

2. 安全管理的发展

（1）18 世纪中叶

18 世纪中叶，蒸汽机的发明促进了工业革命的发展，大规模的机械化生产开始出现，作业人员在极其恶劣的环境中每天从事超过 10 小时的劳动，作业人员的安全和健康时刻受到机器的威胁，伤亡事故和职业病不断出现。为了确保生产过程中作业人员的安全和健康，一些学者开始研究劳动安全卫生问题，采用多种管理和技术手段改善作业环境和作业条件，丰富了安全管理和安全技术的内容。

（2）20 世纪初

20 世纪初，现代工业兴起和快速发展，重大事故和环境污染相继发生，造成了大量的人员伤亡和巨大的财产损失，给社会带来了极大危害，使人们不得不在一些企业设置专职安全人员和安全机构，开展安全检查、安全教育等安全管理活动。

（3）20 世纪 30 年代

20 世纪 30 年代，很多国家设立了安全生产管理的政府机构，颁布了劳动安全卫生的法律法规，逐步建立了较完善的安全教育、安全检查、安全管理等制度，这些内容更进一步丰富了安全生产管理的内容。

（4）20 世纪 50 年代

进入 20 世纪 50 年代，经济的快速增长，使人们的生活水平迅速提高，创造就业机会、改善工作条件、公平分配国民生产总值等问题，引起了越来越多经济学家、管理学家、安全工程专家和政治家的注意。工人强烈要求不仅要有工作机会，还要有安全和健康的工作环境。一些工业化国家，进一步加强了安全生产法律法规体系建设，在安全生产方面投入了大量资金进行科学研究，产生了一些安全生产管理原理、事故预防原理和事故模式理论等风险管理理论，以系统安全理论为核心的现代安全管理思想、方法、模式和理论基本形成。

（5）20 世纪末

20 世纪末，随着现代制造业和航空航天技术的飞速发展，人们对职业安全卫生问题的认识也发生了很大变化，安全生产成本、环境成本等成为产品成本的重要组成部分，职业安全卫生问题成为非官方贸易壁垒的利器。在这种背景下，"持续改进""以人为本"的健康安全管理理念逐渐被企业管理者所接受，以职业健康安全管理体系为代表的企业安全生产风险管理思想开始形成，现代安全生产管理的内容更加丰富，现代安全生产管理理论、方法、模式以及相应的标准、规范更加成熟。

（五）安全管理的原理与原则

安全管理作为管理的重要组成部分，既遵循管理的普遍规律，服从管理的基本原理与原则，又有其特殊的原理与原则。

原理是对客观事物实质内容及其基本运动规律的表述。原理与原则之间存在内在的、逻辑对应的关系。安全管理原理是从生产管理的共性出发，对生产管理工作的实质内容进行科学分析、综合、抽象与概括所得出的生产管理规律。

原则是根据对客观事物基本规律的认识引发出来的，是需要人们共同遵循的行为规范和准则。安全生产原则是指在生产管理原则的基础上，指导生产管理活动的通用规则。

原理与原则的本质与内涵是一致的。一般来说，原理更基本、更具有普遍意义；原则更具体，对行动更有指导性。

1. 系统原理

（1）系统原理的含义

系统原理是指运用系统论的观点、理论和方法来认识和处理管理中出现的问题，对管理活动进行系统分析，以达到管理的优化目标。

系统是由相互作用和相互依赖的若干部分组成，具有特定功能的有机整体。任何管理对象都可以作为一个系统。系统可以分为若干子系统，子系统可以分为若干要素，即系统是由要素组成的。按照系统的观点，管理系统具有六个特征，即集合性、相关性、目的性、整体性、层次性和适应性。

安全管理系统是生产管理的一个子系统，包括各级安全管理人员、安全防护设备与设施、安全管理规章制度、安全生产操作规范和规程，以及安全生产管理信息等。安全贯穿整个生产活动过程中，安全生产管理是全面、全过程和全员的管理。

（2）运用系统原理的原则

①动态相关性原则

动态相关性原则表明：构成管理系统的各要素是运动和发展的，它们相互联系又相互制约。如果管理系统的各要素都处于静止状态，就不会发生事故。

②整分合原则

高效的现代安全生产管理必须在整体规划下明确分工，在分工基础上有效综合，这就是整分合原则。运用该原则，要求企业管理者在制定整体目标和进行宏观策划时，必须将安全生产纳入其中，在考虑资金、人员和体系时，都必须将安全生产作为一个重要内容考虑。

③反馈原则

反馈是控制过程中对控制机构的反作用。成功、高效的管理，离不开灵活、准确、快速的反馈。企业生产的内部条件和外部环境是不断变化的，必须及时捕获、反馈各种安全生产信息，以便及时采取行动。

④封闭原则

在任何一个管理系统内部，管理手段、管理过程都必须构成一个连续封闭的回路，才能形成有效的管理活动，这就是封闭原则。封闭原则告诉我们，在企业安全生产中，各管理机构之间、各种管理制度和方法之间，必须具有紧密的联系，形成相互制约的回路，才能有效。

2. 人本原理

（1）人本原理的含义

在安全管理中把人的因素放在首位，体现以人为本，这就是人本原理。以人为本有两层含义：一是一切管理活动都是以人为本展开的，人既是管理的主体，又是管理的客体，每个人都处在一定的管理层面上，离开人就无所谓管理；二是管理活动中，作为管理对象的要素和管理系统各环节，都需要人掌管、运作、推动和实施。

（2）运用人本原理的原则

①动力原则

推动管理活动的基本力量是人，管理必须有能够激发人的工作能力的动力，这就是动力原则。对于管理系统，有三种动力，即物质动力、精神动力和信息动力。

②能级原则

现代管理认为，单位和个人都具有一定的能量，并且可按照能量的大小顺序排列，形成管理的能级，就像原子中电子的能级一样。在管理系统中，建立一套合理能级，根据单位和个人能量的大小安排其工作，发挥不同能级的能量，保证结构的稳定性和管理的有效性，这就是能级原则。

③激励原则

管理中的激励就是利用某种外部诱因的刺激，调动人的积极性和创造性。以科学的手段，激发人的内在潜力，使其充分发挥积极性、主动性和创造性，这就是激励原则。人的工作动力来源于内在动力、外部压力和工作吸引力。

3. 预防原理

（1）预防原理的含义

安全生产管理工作应该做到预防为主，通过有效的管理和技术手段，减少和防止人的不安全行为和物的不安全状态，达到预防事故的目的。在可能发生人身伤害、设备或设施损坏和环境破坏的场合，事先采取措施，防止事故发生。

（2）运用预防原理的原则

①事故预防原则

生产活动过程都是由人来进行规划、设计、施工、生产运行的，人们可以改变设计、改变施工方法和运行管理方式，避免事故发生。同时可以寻找引起事故的本质因素，采取措施，予以控制，达到预防事故的目的。

②因果关系原则

事故的发生是许多因素互为因果连锁发生的最终结果，只要诱发事故的因素存在，发生事故是必然的，只是时间或迟或早而已，这就是因果关系原则。

③3E 原则

造成人事故的原因可归纳为四方面，即人的不安全行为、设备的不安全状态、环境的不安全条件，以及管理缺陷。针对这四方面的原因，可采取三种防止对策，即工程技术（Engineering）对策、教育（Education）对策和法制（Enforcement）对策，即所谓 3E 原则。

④本质安全化原则

本质安全化原则是指从一开始和从本质上实现安全化，从根本上消除事故发生的可能性，从而达到预防事故发生的目的。

4.强制原理

（1）强制原理的含义

采取强制管理的手段控制人的意愿和行为，使人的活动、行为等受到安全生产管理要求的约束，从而实现有效的安全生产管理。所谓强制就是绝对服从，不必经过被管理者的同意便可采取的控制行动。

（2）运用强制原理的原则

①安全第一原则

安全第一就是要求在进行生产和其他工作时把安全工作放在一切工作的首要位置。当生产和其他工作与安全发生矛盾时，要以安全为主，生产和其他工作要服从于安全。

②监督原则

监督原则是指在安全活动中，为了使安全生产法律法规得到落实，必须设立安全生产监督管理部门，对企业生产中的守法和执法情况进行监督，监督主要包括国家监督、行业管理、群众监督等。

二、建筑工程项目安全管理内涵

（一）建筑工程安全管理的概念

建筑工程安全管理是指为保护产品生产者和使用者的健康与安全，控制影响工作场所内员工、临时工作人员、合同方人员、访问者和其他有关部门人员健康和安全的条件和因素，考虑和避免因使用不当对使用者造成健康和安全的危害而进行的一系列管理活动。

（二）建筑工程安全管理的内容

建筑工程安全管理的内容是建筑生产企业为达到建筑工程职业健康安全管理的目的，

所进行的指挥、控制、组织、协调活动，包括制定、实施、实现、评审和保持职业健康安全所需的组织机构、计划活动、职责、惯例、程序、过程和资源。

不同的组织（企业）根据自身的实际情况制定方针，并为实施、实现、评审和保持（持续改进）建立组织机构、策划活动、明确职责、遵守有关法律法规和惯例、编制程序控制文件，实行过程控制并提供人员、设备、资金和信息资源，保证职业健康安全管理任务的完成。

（三）建筑工程安全管理的特点

1. 复杂性

建筑产品的固定性和生产的流动性及受外部环境影响多，决定了建筑工程安全管理的复杂性。

（1）建筑产品生产过程中生产人员、工具与设备的流动性，主要表现如下：

①同一工地不同建筑之间的流动。

②同一建筑不同建筑部位上的流动。

③一个建筑工程项目完成后，又要向另一新项目动迁的流动。

（2）建筑产品受不同外部环境影响多，主要表现如下：

①露天作业多的影响。

②气候条件变化的影响。

③工程地质和水文条件变化的影响。

④地理条件和地域资源的影响。

由于生产人员、工具和设备的交叉和流动作业，受不同外部环境的影响因素多，使健康安全管理很复杂，若考虑不周就会出现问题。

2. 多样性

产品的多样性和生产的单件性决定了职业健康安全管理的多样性。建筑产品的多样性决定了生产的单件性。每一个建筑产品都要根据其特定要求进行施工，主要表现如下：

①不能按同一图样、同一施工工艺、同一生产设备进行批量重复生产。

②施工生产组织及结构的变动频繁，生产经营的"一次性"特征特别突出。

③生产过程中实验性研究课题多，所碰到的新技术、新工艺、新设备、新材料给职业健康安全管理带来不少难题。

因此，对于每个建筑工程项目都要根据其实际情况，制订健康安全管理计划，不可相互套用。

房屋建筑工程施工技术与管理

3. 协调性

产品生产过程的连续性和分工性决定了职业健康安全管理的协调性。建筑产品不能像其他许多工业产品一样，可以分解为若干部分同时生产，而必须在同一固定场地，按严格程序连续生产，上一道程序不完成，下一道程序不能进行，上一道工序生产的结果往往会被下一道工序所掩盖，而且每一道程序由不同人员和单位完成。因此，在建筑施工安全管理中，要求各单位和专业人员横向配合和协调，共同注意产品生产过程接口部分安全管理的协调性。

4. 持续性

产品生产的阶段性决定职业健康安全管理的持续性。一个建筑项目从立项到投产要经过设计前的准备阶段、设计阶段、施工阶段、使用前的准备阶段（包括竣工验收和试运行）、保修阶段五个阶段。这五个阶段都要十分重视项目的安全问题，持续不断地对项目各个阶段可能出现的安全问题实施管理。否则，一旦在某个阶段出现安全问题就会造成投资的巨大浪费，甚至造成工程项目建设的夭折。

第二节　建筑工程项目安全管理问题

一、建筑工程施工的不安全因素

施工现场各类安全事故潜在的不安全因素主要有施工现场人的不安全因素和施工现场物的不安全状态。同时，管理的缺陷也是不可忽视的重要因素。

（一）事故潜在的不安全因素

人的不安全因素和物的不安全状态，是造成绝大部分事故的两个潜在的不安全因素，通常也可称作事故隐患。事故潜在的不安全因素是造成人身伤害、物的损失的先决条件，各种人身伤害事故均离不开人与物，人身伤害事故就是人与物之间产生的一种意外现象。在人与物中，人的因素是最根本的，因为物的不安全状态的背后，实质上还是隐含着人的因素。分析大量事故的原因可以得知，单纯由物的不安全状态或者单纯由人的不安全行为导致的事故情况并不多，事故几乎都是由多种原因交织而形成的。总的来说，安全事故是由人的不安全因素和物的不安全状态以及管理的缺陷等多方面原因结合而形成的。

1. 人的不安全因素

人的不安全因素是指影响安全的人的因素，是使系统发生故障或发生性能不良事件的人员自身的不安全因素或违背设计和安全要求的错误行为。人的不安全因素可分为个人的不安全因素和人的不安全行为两个大类。个人的不安全因素，是指人的心理、生理、能力中所具有不能适应工作、作业岗位要求而影响安全的因素；人的不安全行为，通俗地讲，就是指能造成事故的人的失误，即能造成事故的人为错误，是人为地使系统发生故障或发生性能不良事件，是违背设计和操作规程的错误行为。

（1）个人的不安全因素

①生理上的不安全因素

生理上的不安全因素包括患有不适合作业岗位的疾病、年龄不适合作业岗位要求、体能不能适应作业岗位要求的因素，疲劳和酒醉或刚睡醒觉、感觉朦胧、视觉和听觉等感觉器官不能适应作业岗位要求的因素等。

②心理上的不安全因素

心理上的不安全因素是指人在心理上具有影响安全的性格、气质和情绪（如急躁、懒散、粗心等）。

③能力上的不安全因素

能力上的不安全因素包括知识技能、应变能力、资格等不适应工作环境和作业岗位要求的影响因素。

（2）人的不安全行为

①产生不安全行为的主要因素

主要因素有工作上的原因，系统、组织上的原因以及思想上责任性的原因。

②主要工作上的原因

主要工作上的原因有作业的速度不适当、工作知识的不足或工作方法不适当，技能不熟练或经验不充分、工作不当，且又不听或不注意管理提示。

③不安全行为

在施工现场的表现如下：

第一，不安全装束。

第二，物体存放不当。

第三，造成安全装置失效。

第四，冒险进入危险场所。

第五，徒手代替工作操作。

第六，有分散注意力行为。

第七，操作失误，忽视安全、警告。

第八，对易燃、易爆等危害物品处理错误。

第九，使用不安全设备。

第十，攀爬不安全位置。

第十一，在起吊物下作业、停留。

第十二，没有正确使用个人防护用品、用具。

第十三，在机器运转时进行检查、维修、保养等工作。

2.物的不安全状态

物的不安全状态是指能导致事故发生的物质条件，包括机械设备等物质或环境所存在的不安全因素。通常，人们将此称为物的不安全状态或物的不安全条件，也有直接称其为不安全状态。

（1）物的不安全状态的内容

①安全防护方面的缺陷。

②作业方法导致的物的不安全状态。

③外部的和自然界的不安全状态。

④作业环境场所的缺陷。

⑤保护器具信号、标志和个体防护用品的缺陷。

⑥物的放置方法的缺陷。

⑦物（包括机器、设备、工具、物质等）本身存在的缺陷。

（2）物的不安全状态的类型

①缺乏防护等装置或有防护装置但存在缺陷。

②设备、设施、工具、附件有缺陷。

③缺少个人防护用品用具或有防护用品但存在缺陷。

④生产（施工）场地环境不良。

（二）管理的缺陷

施工现场的不安全因素还存在组织管理上的不安全因素，通常也可称为组织管理上的缺陷，它也是事故潜在的不安全因素，作为间接的原因共有以下几方面：

第一，技术上的缺陷。

第二，教育上的缺陷。

第三，管理工作上的缺陷。

第四，生理上的缺陷。

第五，心理上的缺陷。

第六，学校教育和社会、历史上的原因造成的缺陷等。

所以，建筑工程施工现场安全管理人员应从"人"和"物"两方面入手，在组织管理等方面加强工作力度，消除任何物的不安全因素以及管理上的缺陷，预防各类安全事故的发生。

二、建筑工程施工现场的安全问题

（一）安全管理存在的安全隐患

安全管理工作不到位，是造成伤亡事故的原因之一。安全管理存在的安全隐患主要有以下几点：

1. 安全生产责任制不健全。

2. 企业各级、各部门管理人员生产责任制的系统性不强，没有具体的考核办法，或没有认真考核，或无考核记录。

3. 企业经理对本企业安全生产管理中存在的问题没有引起高度重视。

4. 企业没有制定安全管理目标，且没有将目标分解到企业各部门，尤其是项目经理部、各班组，也没有分解到人。

5. 目标管理无整体性、系统性，无安全管理目标执行情况的考核措施。

6. 项目部单位工程施工组织设计中，安全措施不全面、无针对性，而且在施工安全管理过程中，安全措施没有具体落实到位。

7. 没有工程施工安全技术交底资料，即使有书面交底资料，也不全面，针对性不强，未履行签字手续。

8. 没有制定具体的安全检查制度，或未认真进行检查，在检查中发现的问题没有及时整改。

9. 没有制定具体的安全教育制度，没有具体安全教育内容，对季节性和临时性工人的安全教育很不重视。

10. 项目经理部不重视开展班前安全活动，无班前安全活动记录。

11. 施工现场没有安全标志布置总平面图，安全标志的布置不能形成总的体系。

（二）土石方工程存在的安全隐患

1. 开挖前未摸清地下管线，未制定应急措施。

2. 土方施工时放坡和支护不符合规定。

3. 机械设备施工与槽边安全距离不符合规定，又无措施。

4. 开挖深度超过 2m 的沟槽，未按标准设围栏防护和密目安全网封挡。

5. 超过 2m 的沟槽，未搭设上下通道，危险处未设红色标志灯。

6. 地下管线和地下障碍物未明或管线 1m 内机械挖土。

7. 未设置有效的排水、挡水措施。

8. 配合作业人员和机械之间未有一定的距离。

9. 打夯机传动部位无防护。

10. 打夯机未在使用前检查。

11. 电缆线在打夯机前经过。

12. 打夯机未用漏电保护和接地接零。

13. 挖土过程中土体产生裂缝，未采取措施而继续作业。

14. 回土前拆除基坑支护的全部支撑。

15. 挖土机械碰到支护、桩头，挖土时动作过大。

16. 在沟、坑、槽边沿 1m 内堆土、堆料、停置机具。

17. 雨后作业前未检查土体和支护的情况。

18. 机械在输电线路下未空开安全距离。

19. 进出口的地下管线未加固保护。

20. 场内道路损坏未整修。

21. 铲斗从汽车驾驶室上通过。

22. 在支护和支撑上行走、堆物。

（三）砌筑工程存在的安全隐患

1. 基础墙砌筑前未对土体的情况进行检查。

2. 垂直运砖的吊笼绳索不符合要求。

3. 人工传砖时脚手板过窄。

4. 砖输送车在平地上间距小于 2m。

5. 操作人员踩踏砌体和支撑上下基坑。

6. 破裂的砖块在吊笼的边沿。

7. 同一块脚手板上操作人员多于 2 人。

8. 在无防护的墙顶上作业。

9. 站在砖墙上进行作业。

10. 砖筑工具放在临边等易坠落的地方。

11. 内脚手板未按有关规定搭设。

12. 砍砖时向外打碎砖，从而导致人员伤亡事故。

13. 操作人员无可靠的安全通道上下。

14. 脚手架上的冰霜积雪杂物未清除就作业。

15. 砌筑楼房边沿墙体时未安设安全网。

16. 脚手架上堆砖高度超过 3 皮侧砖。

17. 砌好的山墙未做任何加固措施。

18. 吊重物时用砌体做支撑点。

19. 砖等材料堆放在基坑边 1.5m 内。

20. 在砌体上拉缆风绳。

21. 收工时未做到工完场清。

22. 雨天未对刚砌好的砌体做防雨措施。

23. 砌块未就位放稳就松开夹具。

（四）脚手架工程存在的安全隐患

1. 脚手架无搭设方案，尤其是落地式外脚手架，项目经理将脚手架的施工承包给架子工，架子工有的按操作规程搭设，有的凭经验搭设，根本未编制脚手架施工方案。

2. 脚手架搭设前未进行交底，项目经理部施工负责人未组织脚手架分段及搭设完毕的检查验收，即使组织验收，也无量化验收内容。

3. 门形等脚手架无设计计算书。

4. 脚手架与建筑物的拉结不够牢固。

5. 杆件间距与剪刀撑的设置不符合规范的规定。

6. 脚手板、立杆、大横杆、小横杆材质不符合要求。

7. 施工层脚手板未铺满。

8. 脚手架上材料堆放不均匀，荷载超过规定。

9. 通道及卸料平台的防护栏杆不符合规范规定。

10. 地式和门形脚手架基础不平、不牢，扫地杆不符合要求。

11. 挂、吊脚手架制作组装不符合设计要求。

12. 附着式升降脚手架的升降装置，防坠落、防倾斜装置不符合要求。

13. 脚手架搭设及操作人员，经过专业培训的未上岗，未经专业培训的却上岗。

（五）钢筋工程存在的安全隐患

1. 在钢筋骨架上行走。

2. 绑扎独立柱头时站在钢箍上操作。

3. 绑扎悬空大梁时站在模板上操作。

4. 钢筋集中堆放在脚手架和模板上。

5. 钢筋成品堆放过高。

6. 模板上堆料处靠近临边洞口。

7. 钢筋机械无人操作时不切断电源。

8. 工具、钢箍短钢筋随意放在脚手板上。

9. 钢筋工作棚内照明灯无防护。

10. 钢筋搬运场所附近有障碍。

11. 操作台上未清理钢筋头。

12. 钢筋搬运场所附近有架空线路临时用电气设备。

13. 用木料、管子、钢模板穿在钢箍内做立人板。

14. 机械安装不坚实稳固，机械无专用的操作棚。

15. 起吊钢筋规格长短不一。

16. 起吊钢筋下方站人。

17. 起吊钢筋挂钩位置不符合要求。

18. 钢筋在吊运中未降到 1m 就靠近。

（六）混凝土工程存在的安全隐患

1. 泵送混凝土架子搭设不牢靠。

2. 混凝土施工高处作业缺少防护、无安全带。

3. 2m 以上小面积混凝土施工无牢靠立足点。

4. 运送混凝土的车道板搭设两头没有搁置平稳。

5. 用电缆线拖拉或吊挂插入式振动器。

6. 2m 以上的高空悬挑未设置防护栏杆。

7. 板墙独立梁柱混凝土施工时，站在模板或支撑上。

8. 运送混凝土的车子向料斗倒料，无挡车措施。

9. 清理地面时向下乱抛杂物。

10. 运送混凝土的车道板宽度过小。

11. 料斗在临边时人员站在临边一侧。

12. 井架运输小车把伸出笼外。

13. 插入式振动器电缆线不满足所需的长度。

14. 运送混凝土的车道板下，横楞顶撑没有按规定设置。

15. 使用滑槽操作部位无护身栏杆。

16. 插入式振动器在检修作业间未切断电源。

17. 插入式振动器电缆线被挤压。

18. 运料中相互追逐超车，卸料时双手脱把。

19. 运送混凝土的车道板上有杂物、有砂等。

20. 混凝土滑槽没有固定牢靠。

21. 插入式振动器的软管出现断裂。

22. 站在滑槽上操作。

23. 预应力墙砌筑前未对土体的情况进行检查。

（七）模板工程存在的安全隐患

1. 无模板工程施工方案。

2. 现浇混凝土模板支撑系统无设计计算书，支撑系统不符合规范要求。

3. 支撑模板的立柱材质及间距不符合要求。

4. 立柱长度不一致，或采用接短柱加长，交接处不牢固，或在立柱下垫几皮砖加高。

5. 未按规范要求设置纵横向支撑。

6. 木立柱下端未锯平，下端无垫板。

7. 混凝土浇灌运输道不平稳、不牢固。

8. 作业面孔洞及临边无防护措施。

9. 垂直作业上下无隔离防护措施。

10. 2m 以上高处作业无可靠立足点。

第三节　建筑工程项目安全文明施工

一、文明施工的概念、基本条件与要求

（一）文明施工的概念

文明施工是指工程建设实施过程中，保持施工现场良好的作业环境、卫生环境和工作秩序。施工现场文明施工的管理范围既包括施工作业区的管理，也包括办公区和生活区的管理。

文明施工主要包括以下几方面的内容：

第一，规范施工现场的场容，保持作业环境的整洁卫生。

第二，科学组织施工，使生产有序进行。

第三，减少施工对周围居民和环境的影响。

第四，保证职工的安全和身体健康。

（二）文明施工的基本条件

1. 有整套的施工组织设计（或施工方案）。

2. 有健全的施工指挥系统及岗位责任制度。

3. 工序衔接交叉合理，交接责任明确。

4. 有严格的成品保护措施和制度。

5. 大小临时设施和各种材料、构件、半成品按平面布置堆放整齐。

6. 施工场地平整，道路畅通，排水设施得当，水电线路整齐。

7. 机具设备状况良好，使用合理，施工作业符合消防和安全要求。

（三）文明施工的基本要求

1. 工地主要入口要设置简朴规整的大门，门旁必须设立明显的标牌，标明工程名称、施工单位及工程负责人姓名等内容。

2. 施工现场建立文明施工责任制，划分区域，明确管理负责人，实行挂牌制度，做到现场清洁整齐。

3. 施工现场场地平整，道路坚实畅通，有排水措施，基础、地下管道施工完成后应及时回填平整，清除积土。

4. 现场施工临时水电要有专人管理，不得有长流水、长明灯。

5. 施工现场的临时设施，包括生产、办公、生活用房、料场、仓库、临时上下水管道以及照明、动力线路，要严格按照施工组织设计确定的施工平面图布置、搭设或埋设整齐。

6. 工人操作地点及周围必须清洁整齐，做到工完场地清，及时清除在楼梯、楼板上的杂物。

7. 砂浆、混凝土在搅拌、运输、使用过程中，要做到不洒、不漏、不剩，使用地点盛放砂浆、混凝土应有容器或垫板。

8. 要有严格的成品保护措施，禁止损坏、污染成品，堵塞管道。高层建筑要设置临时便桶，禁止在建筑物内大小便。

9. 建筑物内清除的垃圾渣土，要通过临时搭设的竖井或利用电梯井或采取其他措施稳妥下卸，禁止从门窗向外抛掷。

10. 施工现场不准乱堆垃圾及余物，应在适当地点设置临时堆放点，并定期外运。清运渣土垃圾及流体物品，要采取遮盖防漏措施，运送途中不得遗撒。

11. 根据工程性质和所在地区的不同情况，采取必要的围护和遮挡措施，并保持外观整齐清洁。

12. 针对施工现场情况，设置宣传标语和黑板报，并适时更换内容，切实起到表扬先进、促进后进的作用。

13. 施工现场禁止居住家属，严禁居民、家属、小孩在施工现场穿行、玩耍。

14. 现场使用的机械设备，要按平面布置规划固定点存放，遵守机械安全规程，经常保持机身及周围环境的清洁，机械的标记、编号明显，安全装置可靠。

15. 清洗机械排出的污水要有排放措施，不得随地流淌。

16. 在用的搅拌机、砂浆机旁必须设有沉淀池，不得将浆水直接排放到下水道及河流等处。

17. 塔式起重机轨道按规定铺设整齐稳固，塔边要封闭，道砟不外溢，路基内外排水畅通。

18. 施工现场应建立不扰民措施，针对施工特点设置防尘和防噪声设施，夜间施工必须有当地主管部门的批准。

二、文明施工管理的内容

（一）现场围挡

1. 施工现场必须采用封闭围挡，并根据地质、气候、围挡材料进行设计与计算，确保围挡的稳定性、安全性。

2. 围挡高度不得小于1.8m，建造多层、高层建筑的，还应设置安全防护设施。在市区主要路段和市容景观道路及机场、码头、车站广场设置的围挡高度不得低于2.5m，在其他路段设置的围挡高度不得低于1.8m。

3. 施工现场的施工区域应与办公、生活区划分清晰，并应采取相应的隔离措施。

4. 围挡使用的材料应保证围挡坚固、整洁、美观，不宜使用彩布条、竹笆或安全网等。

5. 市政工程现场，可按工程进度分段设置围栏，或按规定使用统一的连续性围挡设施。

6. 施工单位不得在现场围挡内侧堆放泥土、砂石、建筑材料、垃圾和废弃物等，严禁将围挡做挡土墙使用。

7. 在经批准临时占用的区域，应严格按批准的占地范围和使用性质存放、堆卸建筑材料或机具设备等，临时区域四周应设置高于1m的围挡。

8. 在有条件的工地，四周围墙、宿舍外墙等地方，应张挂、书写反映企业精神、时代风貌及人性化的醒目宣传标语或绘画。

9. 雨后、大风后以及冻融季节应及时检查围挡的稳定性，发现问题及时处理。

（二）封闭管理

1. 施工现场进出口应设置固定的大门，且要求牢固、美观，门头按规定设置企业名称或标志（施工现场的门斗、大门，各企业应统一标准，施工企业可根据各自的特色，标明集团、企业的规范简称）。

2. 门口要设置专职门卫或保安人员，并制定门卫管理制度，对来访人员应进行登记，禁止外来人员随意出入，所有进出材料或机具都要有相应的手续。

3. 进入施工现场的各类工作人员应按规定佩戴工作胸卡和安全帽。

（三）施工场地

1. 施工现场的主要道路必须进行硬化处理，土方应集中堆放。集中堆放的土方和裸露的场地应采取覆盖、固化或绿化等措施。

2. 现场内各类道路应保持畅通。

3. 施工现场地面应平整，且应有良好的排水系统，保持排水畅通。

4. 制定防止泥浆、污水、废水外流以及堵塞排水管沟和河道的措施，实行三级沉淀、二级排放。

5. 工地应按要求设置吸烟处，有烟缸或水盆，禁止流动吸烟。

6. 现场存放的油料、化学溶剂等易燃易爆物品，应按分类要求放置于专门的库房内，地面应进行防渗漏处理。

7. 施工现场地面应经常洒水，对粉尘源进行覆盖或其他有效遮挡。

8. 施工现场长期裸露的土质区域，应进行力所能及的绿化布置，以美化环境，并防止扬尘现象。

（四）材料堆放

1. 施工现场各种建筑材料、构件、机具应按施工总平面布置图的要求堆放。

2. 材料堆放要按照品种、规格堆放整齐，并按规定挂置名称、品种、产地、规格、数量、进货日期等内容及状态（已检合格、待检、不合格等）的标牌。

3. 工作面每日应做到工完料清、场地净。

4. 建筑垃圾应在指定场所堆放整齐并标出名称、品种，并做到及时清运。

（五）现场防火

1. 施工现场应建立消防安全管理制度、制定消防措施，施工现场临时用房和作业场所的防火设计应符合相关规范要求。

2. 根据消防要求，在不同场所合理配置种类合适的灭火器材；严格管理易燃、易爆物品，设置专门仓库存放。

3. 施工现场主要道路必须符合消防要求，并时刻保持畅通。

4. 高层建筑应按规定设置消防水源，并能满足消防要求，坚持安全生产的"三同时"。

5. 施工现场必须建立防火安全组织机构、义务消防队，明确项目负责人、其他管理人员及各操作人员的防火安全职责，落实防火制度和措施。

6. 施工现场须动用明火作业的，如电焊、气焊、气割、黏结防水卷材等，必须严格执行三级动火审批手续，并落实动火监护和防范措施。

7. 应按施工区域或施工层合理划分动火级别，动火必须具有"两证一器一监护"（焊工证、动火证、灭火器、监护人）。

8. 建立现场防火档案，并纳入施工资料管理。

（六）施工现场标牌

1. 施工现场入口处的醒目位置，应当公示"五牌一图"（工程概况牌、管理人员名单及监督电话牌、消防保卫牌、安全生产牌、文明施工牌、施工现场总平面布置图），标牌字迹要工整规范，内容要简明实用。标志牌规格：宽 1.2m、高 0.9m，标牌底边距地高为 1.2m。

2.《建筑施工安全检查标准》对"五牌"的内容未做具体规定，各企业可结合本地区、本工程的特点进行设置，也可以增加应急程序牌、卫生须知牌、卫生包干图、管理程序图、施工的安民告示牌等内容。

3. 在施工现场的明显处，应有必要的安全内容的标语，标语尽可能地考虑使用人性化的语言。

4. 施工现场应设置"两栏一报"（宣传栏、读报栏和黑板报），应及时反映工地内外各类动态。

5. 按文明施工的要求，宣传教育用字须规范，不使用繁体字和不规范的词句。

三、施工现场环境保护

环境保护也是文明施工的主要内容之一，是按照法律法规、各级主管部门和企业的要求，采取措施保护和改善作业现场的环境，控制现场的各种粉尘、废水、废气、固体废弃物、噪声、振动等对环境的污染和危害。

（一）大气污染的防治

1. 产生大气污染的施工环节

（1）引起扬尘污染的施工环节

①土方施工及土方堆放过程中的扬尘。

②搅拌桩、灌注桩施工过程中的水泥扬尘。

③建筑材料（砂、石、水泥等）堆场的扬尘。

④混凝土、砂浆拌制过程中的扬尘。

⑤脚手架和模板安装、清理和拆除过程中的扬尘。

⑥木工机械作业的扬尘。

⑦钢筋加工、除锈过程中的扬尘。

⑧运输车辆造成的扬尘。

⑨砖、砌块、石等切割加工作业的扬尘。

⑩道路清扫的扬尘。

⑪ 建筑材料装卸过程中的扬尘。

⑫ 建筑和生活垃圾清扫的扬尘等。

（2）引起空气污染的施工环节

①某些防水涂料施工过程中的污染。

②有毒化工原料使用过程中的污染。

③油漆涂料施工过程中的污染。

④施工现场的机械设备、车辆的尾气排放的污染。

⑤工地擅自焚烧废弃物对空气的污染等。

2. 防止大气污染的主要措施

①施工现场的渣土要及时清理出现场。

②施工现场作业场所内建筑垃圾的清理，必须采用相应容器、管道运输或采用其他有效措施，严禁凌空抛掷。

③施工现场的主要道路必须进行硬化处理，并指定专人定期洒水清扫，防止道路扬尘，并形成制度。

④土方应集中堆放，裸露的场地和集中堆放的土方应采取覆盖、固化或绿化等措施。

⑤渣土和施工垃圾运输时，应采用密闭式运输车辆或采取有效的覆盖措施。施工现场出入口处应采取保证车辆清洁的措施。

⑥施工现场应使用密目式安全网对施工现场进行封闭，防止施工过程扬尘。

⑦对细粒散状材料（如水泥、粉煤灰等）应采用遮盖、密闭措施，防止和减少尘土飞扬。

⑧对进出现场的车辆应采取必要的措施，消除扬尘、抛洒和夹带现象。

⑨许多城市已不允许现场搅拌混凝土。在允许搅拌混凝土或砂浆的现场，应将搅拌站封闭严密，并在进料仓上方安装除尘装置，采取可靠措施控制现场粉尘污染。

⑩拆除既有建筑物时，应采用隔离、洒水等措施防止扬尘，并应在规定期限内将废弃物清理完毕。

⑪施工现场应根据风力和大气湿度的具体情况，确定合适的作业时间及内容。

⑫施工现场应设置密闭式垃圾站。施工垃圾、生活垃圾应分类存放，并及时清运。

⑬施工现场的机械设备、车辆的尾气排放应符合国家环保排放标准要求。

⑭城区、旅游景点、疗养区、重点文物保护地及人口密集区的施工现场应使用清洁的能源。

⑮施工时遇到有毒化工原料，除施工人员做好安全防护外，应按相关要求做好环境保护。

⑯除设有符合要求的装置外，严禁在施工现场焚烧各类废弃物以及其他会产生有毒、

有害烟尘和恶臭的物质。

（二）噪声污染的防治

1. 引起噪声污染的施工环节

①施工现场人员的大声喧哗。

②各种施工机具的运行和使用。

③安装及拆卸脚手架、钢筋、模板等。

④爆破作业。

⑤运输车辆的往返及装卸。

2. 防治噪声污染的措施

施工现场噪声的控制技术可从声源、传播途径、接收者防护等方面考虑。

（1）声源控制

从声源上降低噪声，这是防止噪声污染的根本措施。具体措施如下：

①尽量采用低噪声设备和工艺替代高噪声设备和工艺，如低噪声振动器、电动空压机、电锯等。

②在声源处安装消声器消声，如在通风机、鼓风机、压缩机以及各类排气装置等进出风管的适当位置安装消声器。

（2）传播途径控制

在传播途径上控制噪声的方法主要有以下几项：

①吸声。利用吸声材料或吸声结构形成的共振结构吸收声能，降低噪声。

②隔声。应用隔声结构，阻止噪声向空间传播，将接收者与噪声声源分隔。隔声结构包括隔声室、隔声罩、隔声屏障、隔声墙等。

③消声。利用消声器阻止传播，如对空气压缩机、内燃机等产生的噪声利用消声器进行消声。

④减振降噪。对来自振动引起的噪声，通过降低机械振动减少噪声，如将阻尼材料涂在制动源上，或改变振动源与其他刚性结构的连接方式等。

⑤严格控制人为噪声。进入施工现场不得高声叫喊、无故敲打模板、乱吹口哨，限制高音喇叭的使用，最大限度地减少噪声扰民。

（3）接收者防护

让处于噪声环境下的人员使用耳塞、耳罩等防护用品，减少相关人员在噪声环境中的暴露时间，以减轻噪声对人体的危害。

（4）控制强噪声作业时间

凡在人口稠密区进行强噪声作业时，必须严格控制作业时间，一般在 22 时至次日 6 时期间（夜间）停止打桩作业等强噪声作业。确系特殊情况必须昼夜施工时，建设单位和施工单位应于 15 日前，到环境保护和住房城乡建设主管等部门提出申请，经批准后方可进行夜间施工，并会同居委会或村委会，公告附近居民，且做好周围群众的安抚工作。

（5）施工现场噪声的限值

施工现场的噪声不得超过国家标准《建筑施工场界环境噪声排放标准》的规定。

第四节　建筑工程项目安全管理优化

一、施工安全控制

（一）施工安全控制的特点

1. 控制面广

由于建筑工程规模较大，生产工艺比较复杂、工序多，在建造过程中流动作业多、高处作业多、作业位置多变、遇到的不确定因素多，安全控制工作涉及范围大、控制面广。

2. 控制的动态性

第一，由于建筑工程项目的单件性，每项工程所处的条件都会有所不同，所面临的危险因素和防范措施也会有所改变，员工在转移工地以后，熟悉一个新的工作环境需要一定的时间，有些工作制度和安全技术措施也会有所调整，员工同样有个熟悉的过程。

第二，建筑工程项目施工具有分散性。因为现场施工是分散于施工现场的各个部位，尽管有各种规章制度和安全技术交底的环节，但是面对具体的生产环境的时候，仍然需要自己的判断和处理，有经验的人员还必须适应不断变化的情况。

3. 控制系统交叉性

建筑工程项目是一个开放系统，受自然环境和社会环境影响很大，同时也会对社会和环境造成影响，安全控制需要把工程系统、环境系统及社会系统结合起来。

4. 控制的严谨性

由于建筑工程施工的危害因素较为复杂、风险程度高、伤亡事故多，所以预防控制措施必须严谨，如有疏漏就可能发展到失控，而酿成事故，造成损失和伤害。

（二）施工安全控制程序

施工安全控制程序，包括确定每项具体建筑工程项目的安全目标，编制建筑工程项目安全技术措施计划，安全技术措施计划的落实和实施，安全技术措施计划的验证、持续改进等。

（三）施工安全技术措施一般要求

1.施工安全技术措施必须在工程开工前制定

施工安全技术措施是施工组织设计的重要组成部分，应当在工程开工以前与施工组织设计一同进行编制。为了保证各项安全设施的落实，在工程图样会审的时候，就应该特别注意考虑安全施工的问题，并在开工前制定好安全技术措施，使得有较充分的时间对用于该工程的各种安全设施进行采购、制作和维护等准备工作。

2.施工安全技术措施要有全面性

根据有关法律法规的要求，在编制工程施工组织设计的时候，应当根据工程特点制定相应的施工安全技术措施。对于大中型工程项目、结构复杂的重点工程，除了必须在施工组织设计中编制施工安全技术措施以外，还应编制专项工程施工安全技术措施，详细说明有关安全方面的防护要求和措施，确保单位工程或分部分项工程的施工安全。对爆破、拆除、起重吊装、水下、基坑支护和降水、土方开挖、脚手架、模板等危险性较大的作业，必须编制专项安全施工技术方案。

3.施工安全技术措施要有针对性

施工安全技术措施是针对每项工程的特点制定的，编制安全技术措施的技术人员必须掌握工程概况、施工方法、施工环境、条件等一手资料，并熟悉安全法规、标准等，才能制定有针对性的安全技术措施。

4.施工安全技术措施应力求全面、具体、可靠

施工安全技术措施应该把可能出现的各种不安全因素考虑周全，制订的对策措施方案应力求全面、具体、可靠，这样才能真正做到预防事故的发生。但是，全面具体并不等于罗列一般通常的操作工艺、施工方法以及日常安全工作制度、安全纪律等。这些制度性规定，安全技术措施中不需要再做抄录，但必须严格执行。

5.施工安全技术措施必须包括应急预案

由于施工安全技术措施是在相应的工程施工实施之前制定的，所涉及的施工条件和危险情况大都是建立在可预测的基础之上，而建筑工程施工过程是开放的过程，在施工期间的变化是经常发生的，还可能出现预测不到的突发事件或灾害（如地震、火灾、台风、洪

水等）。所以，施工技术措施计划必须包括面对突发事件或紧急状态的各种应急设施、人员逃生和救援预案，以便在紧急情况下，能及时启动应急预案，减少损失，保护人员安全。

6.施工安全技术措施要有可行性和可操作性

施工安全技术措施应能够在每个施工工序之中得到贯彻实施，既要考虑保证安全要求，又要考虑现场环境条件和施工技术条件能够做得到。

二、施工安全检查

（一）安全检查内容

第一，查思想。检查企业领导和员工对安全生产方针的认识程度，建立健全安全生产管理和安全生产规章制度。

第二，查管理。主要检查安全生产管理是否有效，安全生产管理和规章制度是否真正得到落实。

第三，查隐患。主要检查生产作业现场是否符合安全生产要求，检查人员应深入作业现场，检查工人的劳动条件、卫生设施、安全通道，零部件的存放、防护设施状况，电气设备、压力容器、化学用品的储存，粉尘及有毒有害作业部位点的达标情况，车间内的通风照明设施，个人劳动防护用品的使用是否符合规定等。要特别注意对一些要害部位和设备加强检查，如锅炉房、变电所以及各种剧毒、易燃、易爆等场所。

第四，查整改。主要检查对过去提出的安全问题和发生生产事故及安全隐患是否采取了安全技术措施和安全管理措施，进行整改的效果如何。

第五，查事故处理。检查对伤亡事故是否及时报告，对责任人是否已经做出严肃处理。在安全检查中，必须成立一个适应安全检查工作需要的检查组，配备适当的人力、物力；检查结束后，应编写安全检查报告，说明已达标项目、未达标项目、存在问题、原因分析，做出纠正和预防措施的建议。

（二）施工安全生产规章制度的检查

为了实施安全生产管理制度，工程承包企业应当结合本身的实际情况，建立健全一整套本企业的安全生产规章制度，并且落实到具体的工程项目施工任务中。在安全检查的时候，应对企业的施工安全生产规章制度进行检查。施工安全生产规章制度一般应包括：安全生产奖励制度；安全值班制度；各种安全技术操作规程；危险作业管理审批制度；易燃、易爆、剧毒、放射性、腐蚀性等危险物品生产、储运使用的安全管理制度；防护物品的发放和使用制度；安全用电制度；加班加点审批制度；危险场所动火作业审批制度；防火、防爆、防雷、防静电制度；危险岗位巡回检查制度；安全标志管理制度。

三、建筑工程项目安全管理评价

（一）安全管理评价的意义

1. 开展安全管理评价有助于提高企业的安全生产效率

对于安全生产问题的新认识、新观念，表现在对事故的本质揭示以及规律认识上，对于安全本质的再认识和剖析上，所以，应该将安全生产建立在危险分析和预测评价的基础上。安全管理评价是安全设计的主要依据，其能够找出生产过程中固有的或潜在的危险、有害因素及其产生危险、危害的主要条件与后果，并及时提出消除危险、有害因素的最佳技术、措施与方案。

开展安全管理评价，能够有效督促、引导建筑施工企业改进安全生产条件，建立健全安全生产保障体系，为建设单位安全生产管理的系统化、标准化以及科学化提供依据和条件。同时，安全管理评价也可以为安全生产综合管理部门实施监察、管理提供依据。开展安全管理评价能够变纵向单因素管理为横向综合管理，变静态管理为动态管理，变事故处理为事件分析与隐患管理，将事故扼杀于萌芽之前，总体上有助于提高建筑企业的安全生产效率。

2. 开展安全管理评价能预防、减少事故发生

安全管理评价是以实现项目安全为主要目的，应用安全系统工程的原理和方法，对工程系统当中存在的危险、有害因素进行识别和分析，判断工程系统发生事故和急性职业危害的可能性及其严重程度，提出安全对策建议，进而为整个项目制定安全防范措施和管理决策提供科学依据。

安全评价与日常安全管理及安全监督监察工作有所不同，传统安全管理方法的特点是凭经验进行管理，大多为事故发生以后再进行处理。安全评价是从技术可能带来的负效益出发，分析、论证和评估由此产生的损失和伤害的可能性、影响范围、严重程度以及应采取的对策措施等。安全评价从本质上讲是一种事前控制，是积极有效的控制方式。安全评价的意义在于，通过安全评价，可以预先识别系统的危险性，分析生产经营单位的安全状况，全面地评价系统及各部分的危险程度和安全管理状况，可以有效地预防、减少事故发生，减少财产损失和人员伤亡或伤害。

（二）工程项目安全管理评价体系

1. 管理评价指标构建原则

（1）系统性原则

指标体系的建立，首先应该遵循的是系统性原则，从整体出发全面考虑各种因素对安全管理的影响，以及导致安全事故发生的各种因素之间的相关性和目标性选取指标。同时，需要注意指标的数量及体系结构要尽可能系统全面地反映评价目标。

（2）相关性原则

指标在进行选取的时候，应该以建筑安全事故类型及成因分析为基础，忽略对安全影响较小的因素，从事故高发的类型当中选取高度相关的指标。这一原则可以从两方面进行判断：一是指标是否对现场人员的安全有影响；二是选择的指标如果出现问题，是否影响项目的正常进行及影响的程度。所以，评价以前要有层次、有重点地选取指标，使指标体系既能反映安全管理的整体效果，又能体现安全管理的内在联系。

（3）科学性原则

评价指标的选取应该科学规范。这是指评价指标要有准确的内涵和外延，指标体系尽可能全面合理地反映评价对象的本质特征。此外，评分标准要科学规范，应参照现有的相关规范进行合理选择，使评价结果真实客观地反映安全管理状态。

（4）客观真实性原则

评价指标的选取应该尽量客观，首先应当参考相关规范，这样保证了指标有先进的科学理论做支撑。同时，结合经验丰富的专家意见进行修正，这样保证了指标对施工现场安全管理的实用性。

（5）相对独立性原则

为了避免不同的指标间内容重叠，从而降低评价结果的准确性，相对独立性原则要求各评价指标间应保持相互独立，指标间不能有隶属关系。

2. 工程项目安全管理评价体系内容

（1）安全管理制度

建筑工程是一项复杂的系统工程，涉及业主、承包商、分包商、监理单位等关系主体，建筑工程项目安全管理工作需要从安全技术和管理上采取措施，才能确保安全生产的规章制度、操作章程的落实，降低事故的发生频率。

安全管理制度指标包括五个子指标：安全生产责任制度、安全生产保障制度、安全教育培训制度、安全检查制度和事故报告制度。

（2）资质、机构与人员管理

建筑工程建设过程中，建筑企业的资质、分包商的资质、主要设备及原材料供应商的资质、从业人员资格等方面的管理不严，不但会影响到工程质量、进度，而且会容易引发建筑工程项目安全事故。

资质、机构与人员管理指标包括企业资质和从业人员资格、安全生产管理机构、分包单位资质和人员管理及供应单位管理这四个子指标。

（3）设备、设施管理

建筑工程项目施工现场涉及诸多大型复杂的机械设备和施工作业配备设施，由于施工现场场地和环境限制，对于设备、设施的堆放位置、布局规划、验收与日常维护不当容易导致建筑工程项目发生事故。

设备、设施管理指标包括设备安全管理、大型设备拆装安全管理、安全设施和防护管理、特种设备管理和安全检查测试工具管理这五个子指标。

（4）安全技术管理

通常来说，建筑工程项目主要事故有高处坠落、触电、物体打击、机械伤害、坍塌等。据统计，高处坠落、触电、物体打击、机械伤害、坍塌这五类事故占事故总数的85%以上。造成事故的安全技术原因主要有安全技术知识的缺乏、设备设施的操作不当、施工组织设计方案失误、安全技术交底不彻底等。

安全技术管理指标包括六个子指标：危险源控制、施工组织设计方案、专项安全技术方案、安全技术交底，安全技术标准、规范和操作规程及安全设备和工艺的选用。

参考文献

[1] 何荣勤, 张继峰. 房屋建筑质量问题与控制 [M]. 沈阳: 东北大学出版社, 2021.

[2] 陈汉明, 郑雪霖, 段义德. 房屋建筑工程评估基础 [M]. 2 版. 北京: 北京首都经济贸易大学出版社有限责任公司, 2021.

[3] 潘睿. 房屋建筑学 [M]. 4 版. 武汉: 华中科技大学出版社, 2020.

[4] 于丽. 房屋建筑学 [M]. 3 版. 南京: 东南大学出版社, 2020.

[5] 曾庆林. 房屋建筑学 [M]. 北京: 机械工业出版社, 2020.

[6] 夏侯峥, 王彬. 房屋建筑学 [M]. 3 版. 北京: 北京理工大学出版社, 2020.

[7] 杨金铎. 房屋建筑构造 [M]. 北京: 中国建材工业出版社, 2020.

[8] 王雪松, 李必瑜. 房屋建筑学 [M]. 武汉: 武汉理工大学出版社有限责任公司, 2020.

[9] 刘其贤. 房屋建筑工程质量常见问题防治措施 [M]. 济南: 山东科学技术出版社, 2020.

[10] 侯志杰. 房屋建筑构造 [M]. 北京: 北京理工大学出版社, 2019.

[11] 王松. 房屋建筑构造 [M]. 重庆: 重庆大学出版社, 2019.

[12] 王祖远, 柏芳燕, 王艳刚. 房屋建筑学 [M]. 重庆: 重庆大学出版社, 2019.

[13] 李树芬. 建筑工程施工组织设计 [M]. 北京: 机械工业出版社, 2021.

[14] 何相如, 王庆印, 张英杰. 建筑工程施工技术及应用实践 [M]. 长春: 吉林科学技术出版社, 2021.

[15] 孙雁琳, 李蔚, 张猛, 等. 建筑防水工程施工 [M]. 北京: 北京理工大学出版社有限责任公司, 2021.

[16] 梁勇, 袁登峰, 高莉. 建筑机电工程施工与项目管理研究 [M]. 北京: 文化发展出版社, 2021.

[17] 高将, 丁维华. 建筑给排水与施工技术 [M]. 镇江: 江苏大学出版社, 2021.

[18] 李小冬, 李玉龙, 曹新颖. 建设工程管理概论 [M]. 北京: 机械工业出版社, 2021.

[19] 刘哲, 孙庆利, 殷明宇. 建筑设计与施工组织管理 [M]. 长春: 吉林科学技术出版社, 2021.

[20] 王胜, 杨帆, 刘萍, 等. 建筑工程质量管理 [M]. 北京: 机械工业出版社,

2021.

[21] 殷勇，钟焘，曾虹，等 . 建筑工程质量与安全管理 [M] 西安：西安交通大学出版社有限责任公司，2021.

[22] 王光炎，吴迪 . 建筑工程概论 [M].2 版 . 北京：北京理工大学出版社，2021.

[23] 张清波，陈涌，傅鹏斌 . 建筑施工组织设计 [M].3 版 . 北京：北京理工大学出版社有限责任公司，2021.

[24] 高云 . 建筑工程项目招标与合同管理 [M]. 石家庄：河北科学技术出版社，2021.

[25] 杜涛 . 绿色建筑技术与施工管理研究 [M]. 西安：西北工业大学出版社，2021.

[26] 陈斌 . 建筑材料 [M].4 版 . 重庆：重庆大学出版社，2021.

[27] 任雪丹，王丽 . 建筑装饰装修工程项目管理 [M]. 北京：北京理工大学出版社有限责任公司，2021.

[28] 刘臣光 . 建筑施工安全技术与管理研究 [M]. 北京：新华出版社，2021.

[29] 孟琳 . 建筑构造 [M]. 北京：北京理工大学出版社有限责任公司，2021.

[30] 王金玲，高英，赵跃萍 . 建筑工程测量 [M].3 版 . 武汉：武汉理工大学出版社，2021.